森林のルネサンス

先駆者から未来への発信

（一財）林業経済研究所 編

J-FIC

刊行に寄せて

　林業経済研究所は、とても真面目な研究所です。この小さな研究所は、第2次世界大戦後のまだ社会が混乱していた戦後期に生まれ、世紀を跨いで現在まで、こつこつと地道に月刊の学術誌『林業経済』を70年間発行し続けてきました。森林・林業・林産業・山村がテーマの論文が中心の真面目な雑誌が、世の中の急激な変化の中でも読者の支持を受けて毎月毎月新しい号を出し続けてきたのです。

　さて、この真面目な林業経済研究所の事業の中で、異色なのがシンポジウム事業です。研究所のシンポジウムは、毎年、国土緑化推進機構のご支援を受けて、主に東京大学を会場に開催してきました。不真面目なわけではありませんが、それまでの研究所のイメージをかなり変えたのが、2011年から始まったルネサンス・シリーズでした。この2011年という年は、「森林・林業再生プラン」という新しい政策パッケージが林野庁の主導で始まった年として関係者の記憶には新しいと思います。このプランは、スギ、ヒノキなどの人工林での木材生産にもっぱら焦点を当てたものでしたが、シンポジウムの企画を担当する研究所企画委員会のメンバーが議論した末にたどり着いた方針は、もちろん人工林での木材生産も大事ですが、森林や山村にはもっと多様な可能性があるはずで、それを掘り起こすことをこのシンポジウムでは多くの皆さんと一緒に考えよう、ということでした。そして、そこでのキーワードが「ルネサンス」でした。もともと、山村は、森林資源の多面的な機能を基盤に、多様な人々が行き交い、様々な種類の生業（なりわい）が成立するいきいきとした文化の場でした。その再興を、人間文化再興運動である「ルネサンス」にあやかって始めよう！という考えです。

　そして、シンポジウムでの大方針としたのは、①研究者中心ではなく現場で頑張っておられる皆さんに直接話していただくこと、②せっかく異なった現場から来ていただいているのだから、この場を参加の皆さんのぶつかり合い、そして融合の機会とするため、議論の時間はたっぷり取り、座長さんに

3

は大いに参加者間の議論を進めてもらうこと、③シンポジウムへの参加者
は、いわゆる業界の方々にとどまらず、それぞれのテーマに関心をお持ちの
なるべく広く一般の市民の方々に集まっていただく努力をすること、④シン
ポジウムのタイトルも、堅苦しいものはやめ、できるだけ多くの皆さんに理
解してもらい親しみを持ってもらいやすいものにすること、でした。

　幸いなことに、このルネサンス・シリーズは、多くの方々からご好評をい
ただき6回も続けることができました。そして、今回、林業経済研究所の創
立70周年記念事業にあたっては、記念事業担当の委員会から、ルネサンス・
シリーズをまとめて書籍として発行することにより、これまで研究所の活動
でお世話になった多くの皆さま、そしてこれまで研究所のことをあまりご存
じでなかった全国の皆さんにも広く読んでいただくことが、研究所としての
お礼の事業としてふさわしいのではないかとの提案をいただきました。これ
はこれまでこのシンポジウムの企画を担当してきたメンバーとしてはまった
く想像していなかったことで、望外の喜びです。そしてそれがこの企画に賛
同し、現場での大変お忙しい活動を措いて、このシンポジウムにご参加いた
だいた報告者の方々への感謝の気持ちの表れになればよいなと思っていま
す。

　さて、最後になってしまいましたが、読者の方々へぜひお伝えしたいこと
があります。この本には、全国の森林・山村・木材関係の現場で頑張ってお
られる方々のいきいきとした声が詰まっています。ぜひそれを読んで元気に
なっていただきたいと思います。ルネサンス運動は、まずみなが元気になる
ところから始まります。元気になって、それぞれの現場で何ができるかを考
え、できることから始めることからすべてが始まります。と同時に、テーマ
ごとにたまたまの機会に集まった皆さんの、熱い議論を通じた考えの発展、
思いの昇華のプロセスを楽しんでいただきたいです。議論することは、楽し
く、面白く、そして役に立つことだ、ということをぜひ改めて感じていただ
けたら、企画者としてこんなにうれしいことはありません。

　いきいきとした生の声を伝えることを目的としたことから、報告者の皆さ
んの肩書きは、その方が登壇された当時のものを使用させていただいていま
す。また、最初のシンポジウムからは本書の発行の時点で6年半の時間が経

っており、様々な事情から当時の活動が残念ながら継続していない場合も出てきています。この点も「当時」を重視する立場から特に注釈等は付けていません。さらに、編集の都合上、『林業経済』誌から本書への転載にあたり、ご報告・ご発言に少し手を入れさせていただいております。あわせてご容赦いただきたいと思います。

2018 年 3 月

一般財団法人林業経済研究所理事・企画委員会委員長
「森林・林業・山村問題を考える」シンポジウム実行委員会委員長

土屋　俊幸

目次

第1章

広葉樹ルネサンスで、むら・まちを活かす ················· 9

第1報告　総論　広葉樹ルネサンスとは　土屋俊幸················· 11

第2報告　広葉樹材の利用を巡る状況　天野智将················· 18

第3報告　新たな森林資源　田島克己················· 23

第4報告　里山広葉樹活用プロジェクト　中澤健一················· 28

第5報告　アメリカ広葉樹の有効利用　辻隆洋················· 35

パネルディスカッション　座長・野口俊邦················· 41

第2章

"里エネ"ルネサンス―活かそう地域のエネルギー― ·················47

第1報告　里エネ利用のルネサンス　安村直樹················· 49

第2報告　これからの日本のエネルギー　河野太郎················· 56

第3報告　熱利用が唯一最大の課題である　小池浩一郎················· 57

第4報告　葛巻町森林組合の挑戦　竹川高行················· 63

第5報告　身近な森林を身近なエネルギーに　木平英一················· 68

第6報告　再生可能エネルギー電力固定価格買取制度（FIT）が森林経営に及ぼす

影響　泊みゆき················· 75

パネルディスカッション　座長・満田夏花················· 80

第3章

国産材ルネサンス！―創る・繋ぐ・調える　森と木のビジネス― ·················89

第1報告　国産材の振興に向けた課題　武田八郎················· 91

第2報告　国産材製材と今後の山林活用　東泉清寿················· 99

第3報告　川下から川上へ……。その魅力の伝え方　安成信次·················103

第4報告　国産材の需要と供給を繋ぐ仕事　川畑理子·················112

パネルディスカッション　座長・藤掛一郎·················119

第4章

森林と食のルネサンス─創る・楽しむ・活かす　新たな山の業─ ………… 127

第1報告　特用林産と森林社会　齋藤暖生……………………………………129
第2報告　ニホンミツバチの蜜の再生産と森林資源　村井保…………………137
第3報告　獣害対策と食文化の復興　石崎英治……………………………………141
第4報告　過疎・高齢社会と食起業　加藤トキ子…………………………………145
第5報告　FSC森林認証の森の恵み　矢房孝広……………………………………148
パネルディスカッション　座長・関岡東生………………………………………151

第5章

Wood Job ルネサンスへの道─若者を山村、林業へ─ …………………… 159

第1報告　山村で「働くこと」の意味　奥山洋一郎……………………………161
第2報告　西粟倉村百年の森林構想と起業家的人材の発掘・育成　牧大介…………170
第3報告　山と繋がる暮らしを目指して　金井久美子……………………………177
第4報告　Wood Job 3年目の現場経験から　齋藤朱里…………………………184
パネルディスカッション　座長・興梠克久…………………………………………192

第6章

子どもと森のルネサンス─育てよう　地域の宝もの─……………………… 201

第1報告　都市と地域と子どもを繋ぐデザイン　若杉浩一………………………203
第2報告　体験から学ぶ森と川のプログラム　井倉洋二…………………………212
第3報告　北海道の森の恵みを都会の子どもに　高橋直樹………………………219
第4報告　保育園児への自然労作保育　福田珠子…………………………………226
第5報告　人生の門出を木のおもちゃとともに！　馬場清…………………………234
パネルディスカッション　座長・山本信次……………………………………………241

第1章 広葉樹ルネサンスで、むら・まちを活かす

日時　2011年10月1日(土)
場所　東京大学弥生講堂

報告者

土屋 俊幸
東京農工大学

天野 智将
(独)森林総合研究所

田島 克己
NPO法人秩父百年の森

中澤 健一
国際環境NGO FoE Japan

辻 隆洋
アメリカ広葉樹輸出協会

パネルディスカッション座長
野口 俊邦　信州大学名誉教授

第1章　広葉樹ルネサンスで、むら・まちを活かす

第1報告

総論　広葉樹ルネサンスとは

土屋　俊幸（東京農工大学）

　今回のシンポジウムの企画に協力した林業経済研究所企画委員会および企画・運営を担当したシンポジウム実行委員会の両方を代表して、今回のシンポジウムをどういう意図で企画したのかについて、若干説明をしたい。

　まず、「広葉樹ルネサンス」という言葉だが、おそらくこれまであまり聞かれたことがない言葉だと思う。実は我々が新しく創った言葉ではないかと思っている。したがって、ここでは、このシンポジウムの問題意識について簡単に説明した後、「広葉樹ルネサンス」とは何かということと、「ルネサンス」、つまり復興運動といっている背景について少し報告したいと思う。

シンポジウムの問題意識

　まず、シンポジウムを開くにあたっての主催者としての問題意識について簡単に述べたい。周知のように、広葉樹林は日本の森林の過半、人工林が約4割なので、6割ぐらいが広葉樹林で占められている。その4割の針葉樹人工林についてだが、2010年の「森林・林業再生プラン」で、施業集約化あるいは集約的経営の推進が大きな全国的目標となっている。作業道をたくさん入れて集約的経営を図り、生産性を上げて収益性も上げていこうとしているわけだ。しかし、そうなると、実は針葉樹人工林の中でも、一番奥山の行きにくいところにある人工林については、伐境の外になってしまう可能性がある。そうした伐境外の人工林をどうするかということも議論していかなければならない。その部分については、広葉樹林に戻したほうがいいという議論もありうるだろう。

　それから、例えば2010年に名古屋で生物多様性条約の締約国会議

（COP10）が開かれたが、生物多様性の観点からも森林というのは非常に重要である。その中でも多様性が相対的に高い広葉樹林、もしくは天然林をどう扱っていくかが特に重要で、例えば、人工林の一部の針広混交林化もしくは広葉樹林化という試みが一部で始まっている。

こうした背景がある中で、今度は利用のほうを見ると、特に人工林材については、今外材の輸入量が減っていることを背景に、いろいろな利用の形が広がっていることは、周知のとおりである。例えば針葉樹合板という形で、スギが合板材として使われるという、これまで考えられなかったことが進みつつある。ただ、このような針葉樹人工林材の需要の変化に対して、広葉樹材はどうかというと、それはあまり進展がないというのが現状である。

以上のような状況を踏まえて、「広葉樹ルネサンス」という言葉をあえて使った。「ルネサンス」ということは、元はかなり重要視されて、もしくは広く使われたり認識されたりしていたものが、その後、認識されなくなったり、利用が落ち込んだりした時期があって、その後にもう一度それを復興しようではないかという運動が起きたという意味が、この「ルネサンス」には込められている。その復興運動の内容としては、「広葉樹の多様な利用が促進されることを通じて、森林の総合的価値を引き出す」活動により、「むら・まちを活かす」ような、つまり、広葉樹林の利用が地域の活性化もしくは地域おこしに繋がっていくような仕組みができたらよいのではないか、というのが、このシンポジウム全体で我々が提議したいことである。

翻ってみると、我が国には昔から木の文化といわれるような森林との共生文化という一つの伝統がある。そうした文化の継承もしくは再生が、これから必要なのではないか。そうしたことを通じて、文化・経済・環境が融合した新たな森林との関係、森林の価値の創造が図られていく。そのための一つのステップとして、このシンポジウムの場が活かされれば望外の喜びである。

そして今、3.11以降、我々の社会、もしくは世界全体では、いろいろなこれまでの既存の社会の仕組みや考え方についての反省や、そこからどうやって新しい方向を見いだしていくかといった、流行の言葉でいえば「パラダイムの転換」が議論されている。森林地域、山村地域という視点から見て、このパラダイムの転換を、具体的にどのような形でやっていくかというと、一

第1章　広葉樹ルネサンスで、むら・まちを活かす

つの行き方として、例えば広葉樹という一つのツール、もしくは対象を使いながら、そこから発想の転換や地域のあり方の転換を図っていくことが可能ではないかというのが、最後に我々が言いたいところである。

広葉樹ルネサンスの背景

　ここでは、広葉樹を巡ってこれまでどういう試みがあり、どういう失敗があったのかをいくつかのトピックスで見てみよう。

（1）広葉樹材の地域での需給

　まず、薪炭材やその他の材としての広葉樹材の地域における需給についてだが、緑地学の齊藤修さんが論文の中でいろいろと面白い分析をされている。例えば、関東地方の栃木県茂木町と埼玉県秩父市の広葉樹の賦存量とそのうちどれくらいの量を使っているかを推定している。1950 〜 1960年代にかけては、全体の蓄積も多かったのだが、利用している部分もかなり多かった。それに対して、一番最近では2000年前後になると、利用率が非常に落ちているという状況がわかる。1950年と2000年頃を比べると、実はあまり蓄積等は減っていないのだが、1950年の時には、関東内だけでは賄えなくて、外からも広葉樹材が入ってきて、全体として燃料やパルプ用材、シイタケ原木に使っていた利用量を賄えた。ところが2000年代になると、シイタケ原木を除いて、ほとんどその利用がなくなって、全体的に見ると非常に余っている状態というのが、マテリアル・フローからわかる。

（2）森林施業における天然林の位置づけ

　次に森林施業の変遷について見よう。第2次世界大戦前の森林の施業について見てみると、例えば東京都水源林については、泉桂子さんが詳しい論文を発表されている。当初は針葉樹人工林主導であったのが、1930年代くらいに針広混交林主義、つまり広葉樹もある程度入れ込んだ形で、今考えれば生物多様性にも配慮する形で施業を考えるということに変わった。しかし戦後になって、針広混交林主義は残るが、一方でいわゆる拡大造林が進められていき、針葉樹人工林が段々主体になっていくという流れがわかる。

13

さらにこれも、林学系の方には周知のことだが、大正から昭和の戦前期に
かけて、国有林経営において「天然更新汎行」といわれる時期があって、そ
の前の人工林主義から天然更新が主流となった時期があった。これが大々的
に行われたのは、青森ヒバや秋田スギ等の針葉樹の天然林であるが、それだ
けではなくて、もっと南のほうの広葉樹林の天然更新についても、いろいろ
なところで行われて、成果も出たが失敗もあったということのようである。
ただ、これも戦時期の増伐の中でほぼ放棄されて、戦後は針葉樹人工林一辺
倒の拡大造林へと転換してしまうという事実がある。

（3）広葉樹縮小の政治学

　「広葉樹縮小の政治学」とは、今述べた拡大造林が、政治的にどういう意
味合いを持ったかということである。これは、そろそろ私たちのような、い
わゆる森林や林業界の内部にいる人間もよく考えていかなければならないこ
とで、あえて出すことにした。「水源林造林」という言葉が、第2次世界大
戦後ずっと使われてきた。これは要するに、「水源林の機能を向上させるた
めには、広葉樹を伐採して、針葉樹人工林化、いわゆる拡大造林を行ってい
かなければならない」という一つの考え方である。もしくは思想といったほ
うがよいかもしれない。そのために造林補助金、公社公団造林といった仕組
みができ、これが戦後の1,000万haに及ぶような、針葉樹人工林の拡大を
支えたわけだ。

　このことに関連して最近非常に気になっているのは、今原子力発電を巡っ
て「原子力村」というような言葉がいわれている。それと比べると、ずっと
牧歌的ではあるのだが、「林業村」といったものが成立していたのではない
かということだ。そこでは、初めは、外部への単純化した宣伝的な意味合い
があったものが、そのうちに、先ほど述べたような、水源林機能を守るため
には拡大造林が必要であるといったことが事実で語られるようになり、やが
て無条件に信じられるようになり、最後にはそれに疑問を持つこと自体がタ
ブー視されるような、これはいわゆる「原子力村」のところでよくいわれる
ことだが、そのような構造が、もしかしたらこの拡大造林、針葉樹人工林主
義といわれるものの中にもあったのではないだろうか。そのことがもしかす

14

ると、戦後これまで日本の森林・林業政策が針葉樹中心で展開してきた、例えば、今の「森林・林業再生プラン」にも繋がるわけだが、その展開過程のあり方に影響を与えてきたのではないか。それが森林・林業内部の人間の頭の中で一つの足かせになっていて、多様な森林・林業政策の展開を阻害した可能性があるのではないかという気がしている。

（4）広葉樹重視の林学

　実はここでもう1度勉強してみたいと思っているのは、フランス林学のことである。フランス林学が、グローバルスタンダード化したドイツ林学に対して、かなり違う行き方をしてきたというのは、皆さんご存じのことだと思う。フランスでは、広葉樹を中心とした択伐天然林施業を、基本的には今でも堅持している。この国の場合、森林面積は広葉樹林がだいたい7割くらい占めているし、生産量はそれと比べるとかなり少ないが、それでも4割近くを広葉樹材が占めている。例えば、私有林と国公有林で見ると、国公有林では3割くらいが用材生産を行う広葉樹高林だし、7割を占める私有林でも広葉樹高林が2割を占めているのである。このようなフランスのあり方というのは、ドイツ林学を学んできた日本のあり方とは異なった別のあり方、それに代わる代替案というのがありうるのかもしれないということを示唆している。

　もう一つ。ドイツにおいても変化が現れている。2010年のちょうど今頃、ドイツの一番南のバイエルン州へ行ってきた。そこで訪問したところの一つにニュールンベルグのバイエルン州有林がある。ここは30年前から針葉樹林の広葉樹林化に取り組んできたところで、フォレスターにとってみると記念碑的な場所といわれているそうだ。貧相なマツの人工造林地だったので、広葉樹林化は不可能といわれていたのだが、フォレスターの努力で、広葉樹苗の植え込みも行い、混交林化、広葉樹林化に成功したという。ニュールンベルグというところは、中世から近世の初頭の頃にかけては、森林の中で様々なレジャーが行われ、市民が楽しんだ歴史を持つ。つまり、森林と人間社会が非常に近かったところだそうだ。そういった、社会との近さ、もしくは社会への貢献、さらには生物多様性に代表されるような自然保護上の役割

を、木材生産と両立させる、もしくは三つを同時に叶えさせるための試みとしての広葉樹林化が、州有林だからできるという面はあるのだが、いわゆるドイツ林学のお膝元でも行われているという事実から我々も学ぶべきだと思う。

広葉樹ルネサンスへ向けて

1994年に、藤森隆郎さんと河原輝彦さん、どちらも森林総研のOBで著名な造林・生態学者だが、『広葉樹林施業』という新書を共編著で出版されている。その本の初めのところに以下のようなことが書いてある。「日本は林業の先進国でありながら広葉樹施業の技術は遅れている。第2次世界大戦前後に天然更新の盛んな時期があって、かなり技術が伝えられたのだけれども、それが継承されずそのままになってしまった。あまりにも針葉樹一辺倒に偏りすぎて、広葉樹を軽視した時代を長く送りすぎた。もちろんそれは色々な理由があったわけなのだけれども、それが非常に問題になっている。これからは木材生産のみならず、森林の多面的機能を踏まえた広葉樹中心の森林ということもよく考える必要があるのではないか」。造林学、生態学の権威の方がこうしたことを言われているということを、この本の出版からはもうだいぶ時間が経っているわけだが、改めて認識してみる必要があるのではないかと思っている。

最後にもう1度広葉樹ルネサンスに戻って、まとめ的な話をしたい。昨年度のシンポジウムでは、「森林・林業再生プラン」には欠けている視点があるということで、「山村」というキーワードで、「森林・林業再生プランは、林業については語っているかもしれないが、その基盤となる山村はどうなのだろうか」という視点から議論をいただいた。「森林・林業再生プラン」はやはり針葉樹人工林主義といえるだろう、では、それに対して、広葉樹はどうなっているのだろうか、広葉樹をどうすべきなのだろうか、ということが発想の原点だった。広葉樹林、そして広葉樹材の利用をどう考えていくかという時には、やはりタブーを見直すという視点が必要なのではないかと私は考えている。その中で具体的にいうならば、生物多様性、景観保全、生態系サービスといったものをどう考えていくか。それから、これが基本になると

16

思うが、マテリアルとしての広葉樹材をどう利用していくのかということが問われている。さらにいえば、3年前にこのシンポジウムでバイオマス問題を取り上げて議論したことがあるので、あえて今回は強調しなかったのだが、エネルギー利用についても総合的に考えていかなければいけないだろう。

　社会の大きなパラダイムの転換にあたって、森林、山村地域からの提案としての「広葉樹ルネサンス」を、我々は今後、早急に具体的に検討していく必要があると考える。

参考文献

1）泉桂子（2004）近代水源林の誕生とその軌跡、東京大学出版会

2）熊崎実（1967）林業発展の量的側面、林業試験場研究報告 201 号

3）齊藤修（2004）関東におけるコナラ二次林の利用の変遷と植生変化に関する研究、東京農工大学大学院連合農学研究科博士学位請求論文

4）萩野敏雄（1993）日本現代林政の激動過程、日本林業調査会

5）藤森隆郎・河原輝彦編著（1994）広葉樹林施業、林業改良普及双書 118、（社）全国林業改良普及協会

6）古井戸宏通（2010）フランス、日本林業経営者協会編、世界の林業　欧米諸国の私有林経営、日本林業調査会

第2報告

広葉樹材の利用を巡る状況

天野　智将（(独)森林総合研究所）

　広葉樹材は紙の原料としての利用が主で、木材としては楽器、クラフト、家具やフローリング、階段、手すりなどで使われている。内装は住宅の構造や工法にかかわらず必要となる部分である。しかし、広葉樹の伐採には強い批判もあり、利用とその加工流通については情報が不足している。現在の広葉樹加工業がおかれている状況を話したい。

1990年代以前－バブル期まで－

　広葉樹材の国内供給が減少する中で、海外資源への依存が強まった。量産分野では南洋材が利用される一方、冷温帯広葉樹（ナラ、タモ、ブナ、シナなど）が要求される分野については中国からの丸太輸入が国内資源を補完し、家具業界ではより安定した供給を求めて米国からホワイト・オークの板材を輸入するようになった。またソビエト連邦とのKSプロジェクトにより、チップ原料として広葉樹原木の輸入が始まり、そこから選別された材が製材原料としても利用されるようになった。

　需要については、日本の工業の国際競争力が強くなり生産量が飛躍的に増大する中で、その部品供給の拡大に木材は対応できなかった。プラスチックや軽金属製品などの競合製品の価格が低下しかつ性能も向上したため、木材は産業的な分野（例えば自動車、船舶、家庭電化製品等）では需要先を失っていった。一方で、好景気による旺盛な住宅建設、個人消費の増大を背景として、木材は住宅の内装や家具などを成長分野としていった。

1990年代－縮小する市場と原料基盤の安定－

　1990年代、バブル経済破綻による需要の低迷、デフレ経済による製品価格の低下により、コスト低減圧力が強くなった。

　さらに大きな影響を与えたのは1995年の阪神・淡路大震災である。この地震により、タンスなど箱物家具は転倒の危険性が指摘され、同時に住宅収納の造り付け化が、戸別、集合にかかわらず普及した。この影響により箱物家具の需要が激減し、良質な製材や突き板の需要が大きく失われることになった。

　その一方で、原木供給については好転が見られた。1991年末のソビエト連邦崩壊、ロシア連邦の経済開放によって極東地区の広葉樹材を日本企業が自由に輸入できるようになったからである。当初はタモが主体だったが、続いてナラも輸入されるようになり、国内の原木不足は一掃され、各加工業は形質、量の面で必要な材を必要なだけ購入できるようになった。そこで生産品目の絞り込みを行い、コスト削減を進めた。

　この時期、流通全体の合理化も進む。中間流通業[1]は撤退し、川上の製材工場が川下の機能を取り込み、人工乾燥材やモルダー処理された板が流通するようになった。いくつかの大規模製材工場はすでにフィンガー・ジョイントや接着などの加工機器を持っていたが、NCルーターや塗装設備なども導入され、ほぼ製品に近い半製品を出荷できる体制となった。このような製材工場は加工機能を強化すると同時に、営業部門の強化も行っている。全国に営業網を整備し、需要者との直接取引を行い、中間経費の削減を行った。

　一方でこのような多機能化とは異なる方向性も見られた。小規模工場は安い原料からフローリングや集成材用の原板をとる製材に特化していく。このような製材は幅広や長尺の板を必要としないため、低質材でも歩留まりを確保することが可能である。さらに作業員についてもパートや高齢者を主体として労賃の低減に努め、社長自ら現場で仕事を行っている。集成材メーカーやフローリングメーカーの下請けとなり、販売・仕入れも流通業者に依存することで事務経費を圧縮し、スリムな経営となっている。これらは依然としてグリーン材での出荷であり、当時入り始めた中国からの輸入製材、半製品と競合したが、価格面で競争力を持っていた。

この頃は中国の加工能力、品質管理に不安があり、接着・塗装などの加工については日本で行っていた。中国の加工業は資本、技術等がなく、日本企業にコントロールされた部材の供給を行う下請けの一部として存在していた。

2000年代－原木の不足と加工部門の海外移転－

2000年に中国の木材輸入量が日本のそれを初めて超える。広葉樹材の供給地であるロシアにおいて日中の木材購買力が逆転し、丸太の流れは一気に中国へ向き始めた。高品質材は日本への輸入が継続されたが、特に低質材については減少が甚だしく、それまでロシア材を主原料としていた中小規模の原板製材業は著しい原木不足に陥った。そこでロシア材から国産材への再転換が起きたが、これには小規模で生産の融通が利き、不安定な原木供給に対応できる工場しか対応できなかった[2]。ある流通企業はこの年、北海道内における広葉樹丸太の販売先の約3分の1を失ったという[3]。

この後、2008年のリーマンショックまで、家具メーカーの中国等への海外進出、MDFやPBを利用した輸入部材の浸透などにより板材の需要は減り、需要は住宅分野に傾斜していった。

2000年代、中国は世界の工場としての地位を確立し、旺盛な内需と国際市場での強い競争力を背景に、木材加工業にも投資がなされ、接着や塗装などの設備も整備されていく。製品の質が向上したことにより、建材メーカーも製造拠点を移すようになっていった。これにより日本国内に残された加工業は、品質・技術面で競争力を持つ、高付加価値製品の市場を持つ、物件対応の特殊なサイズに対応する、ロシア産以外の樹種を用いる、国産樹種を用いるという特徴を持つ企業のみとなっていく[4]。

リーマンショックと丸太不足の深刻化

リーマンショックによる建築市場の縮小は、広葉樹需要に大きな影響を与え、その減少によりさらに工場数が減少していく。また建築現場におけるさらなるコスト削減により、複層フロアや内装分野においても表面材として使われてきた突き板がコート紙に置き換わるなど非木材の利用も進んでいく。

原料面でも大きな問題が発生した。ロシア連邦は2008年より広葉樹丸太の輸出に際して1m³当たり100 EUROの輸出税をかけるようになり[5]、これにより原木コストは著しく増加し、残された国内加工業の経営は一層厳しくなっていく。これは中国の加工業にも大きな打撃を与えており、国際的な市場低迷と相まって業態の転換が起きようとしている。

国内では国公有林の天然林伐採の削減がさらに進んでおり、国内での木材調達を諦める企業が出てきている。例えば、イタヤカエデは楽器材としての需要を喪失し、大きく価格を下げた。

広葉樹ルネサンスに向けて

今まで述べてきたように、国内の広葉樹加工業は縮小に縮小を重ねている。経済状況が厳しさを増す中で市場の影響は避けられなかったものの、決定的な状況を創り出したのは原木不足であった。

今日、高次加工ができる設備が失われている。中小ロットの加工を行う場所がない。国内で製材された後、中国へ部材として輸出されるケースも出てきているが、これは必ずしもコストによるものではない。

現在、広葉樹の生産が継続的に行われているのは、チップ材の流通が維持されている北海道と東北のみといえる。これは、天然林の利用であるため、製材用材よりもチップ材などの低質材の割合が多く、それらの利用が確保されていることが重要であることを示している。

広葉樹の利用拡大にあたっては資源の再生産手法の確立が必要になる。これまでの広葉樹林業は若く活力ある森林を伐採し、萌芽更新によって再生し、安上がりな林業ということができた。用材として利用可能な材を出すためには100年生前後の森林が伐採されており、高齢級での更新技術の確立と同時に、用材を産出できるような施業技術も確立される必要がある。

現在の広葉樹加工業の状況からいって、広葉樹材利用の振興には必ずしも高品質材は必要ではない。現在成長を続けている民有林の二次林から安定的に材が生産されれば、集成材やフローリングなどの利用と結びつき、それが一定規模の産業を成立させ地域の振興に役立つであろう。そして中心となる利用体制が整うことによって、多様な小規模資源も活用される。

このような二次林の利用機会の増加は人工林経営にも寄与する。東北には広葉樹林の中に点在する人工林地が多数ある。これらは手続き上集約化されたとしても、実際の作業では点在的に扱われるのと変わらない。通常の施業体系とは異なるとしても、周囲の天然林の伐採に合わせて施業を行える仕組みがあれば、このような人工林の整備も進められると思う。

最後に 3.11 の東日本大震災の際、岩手県では臨海部の合板工場に大きな被害が出てスギの流通がストップした。内陸の製紙工場がいち早く復旧したことから広葉樹が県内の素材生産を支えた側面がある。このようなことからも多様な林業が必要であると考える。

注および参考文献

1）大阪、名古屋などの消費地問屋については、中山哲之助編（1985）広葉樹用材の利用と流通、都市文化社

2）天野智将・菊池健治（2003）道産広葉樹の流通実態と今後の課題に関する調査報告書、札幌地方林産協同組合連合会

3）北海道林産広葉樹協議会（2001）総会資料

4）天野智将・立花　敏（2010）木製品輸出の現状と将来、中国の森林・林業・木材産業—現状と展望—、日本林業調査会、379-393

5）2006 年 12 月 23 日付ロシア連邦政府令 795 号 89

第1章 広葉樹ルネサンスで、むら・まちを活かす

第3報告

新たな森林資源
―カエデ樹液の活用による山・里・街連携創出の試み―

田島　克己（NPO法人秩父百年の森）

　2006年、埼玉県県有林における天然林の調査から始まったカエデ樹液活用への試みは、今秩父地域の山林所有者を中心に樹液生産協同組合の設立にまで至ろうとしている。日本列島の中央に位置し、秩父古生層という古い地層を母材とする秩父の森林には、国内に見られるカエデ科樹種の4分の3、21種の自生が確認されている。しかし、単に樹種数が多いことだけでは林業として意味を持たない。樹液生産を前提として、樹液の産出が可能な条件を持つ森林で樹液採取可能なカエデがどの程度分布し、1本当たりどれほどの産出量があるのか、いつから流出が始まりどのくらいの期間続くのか、それらは樹種によって違いを生じるのか等々、基礎的なデータを収集することから、この試みはスタートした。林産業の低迷が言われて久しく、地域の森林を支えてきた担い手の減少や高齢化によって森林環境の保全さえ危ぶまれるといった日本の森林と林業が直面する課題に対して、少しでも役に立つ森林資源であればというささやかな願いから始めたことであった。

「カエデ」から見えてきたもの

　本多静六博士の寄贈によって生まれ、景観保全のうえから天然林がよく残されてきた埼玉県県有林内に、カエデが多く生育するエリア3か所を試験地に設定し、1月から3月にかけて樹液採取を実施した。調査結果からわかったことは、イタヤカエデなど8種類のカエデから平均20ℓの樹液が得られること、標高850m前後の同地では2月中旬から下旬にかけて流出のピークを迎えること、3か所の地形の違いにより流出のピークにずれがあることなどであった。その後、民有林や他の流域の調査によって、人工林の林縁部や

小面積に集中して生育するイタヤカエデ

かつて栗山として使われていた広葉樹林の中に多くのカエデが残されていること、大きく成長するイタヤカエデは良好な水分環境を必要とするため湿性の森林褐色土の分布域に重なって多く生育すること、また、1月末から3月までの樹液流出期の気温を計測することによって、温度変化のパターンが流出量に関係することなどがわかり始めてきた。

カエデの樹液活用は、現状ではカエデの自然分布に依存しているが、荒川の支流横瀬川流域のスギ人工林内には谷筋に沿ってイタヤカエデの分布が見られる。これはカエデの特性を活かして林地の流亡を防ぐために伐らずに残してきた先人たちの知恵の結果である。また、栗山として使われてきた民有林の一部には、狭いエリアに高い密度で生育するカエデ林が存在する。このような分布に関する知見をもとにカエデの適地分析ができれば、樹液産出に適した林地を推定することができる。そのような林地であれば、間伐後にカエデの育成を積極的に試みることも可能であり、伐採・搬出時に自生するカエデの稚樹を丁寧に残すことによって天然更新を促すことも可能である。成林するのは10年、20年先であるかもしれないが、今始めなければ10年後20年後もないのである。これまで営々として築いてきたスギやヒノキの人工林を維持しながら、毎年のように樹液が採取できるカエデを育成していくことは、森林への多様な関わり方を広げ、森林とのトータルな関わり方を取り戻すことにならないだろうか。カエデの樹液採取は、森林そのものが存続することを前提とする「伐らない林業」である。その伐らない林業とこれまでの伐る林業を統合し、人工林と天然林を複合的に管理することは、日本の林業に魅力的なテーマである。素材生産に重点をおき、モノ

カルチャー化したことによって活力を失ったかに見える森林と林業にとって、これは新しい始まりといえないだろうか。

　現在各地で取り組まれている樹液利用は、輸入されるメープルシロップのように40分の1に煮詰めるのではなく、そのままの状態で様々な食材や料理に使われている。これはもちろん、現在の生産規模が小さく稀少であるため、煮つめてしまうにはもったいないからであるが、逆にそのことで様々な活かし方が試みられている。この樹液を仮に1ℓ 200円とすれば、1本

谷筋に残されたイタヤカエデ

のカエデから毎年4,000円の収益がもたらされることになる。1ha 100本の密度であれば400,000円である。

　「雑木」として扱われてきた広葉樹が、カエデ樹液のように経済性を得ることによって山の見方が変わり、所有者自身による山の価値の再評価が協同組合設立への大きな原動力となった。「うちの山も調べてくれ」という声が寄せられたり、カエデの禁伐指示が町中に発せられたりといったことも起こり始めている。

森林活用のパラダイム転換は可能か

　水源涵養や国土保全など森林が持つ公益的な機能はよく知られている。一番大きな恩恵を受けているのが都市に暮らす人々であることも認識されている。森林の食利用ともいえるカエデの樹液活用には、そのような人たちが森林に目を向けるきっかけになるのではないかという期待が込められてきた。そのためには樹液を様々な食材に利用したり、食品や化粧品に加工したりする森林を含む地域の人々の工夫や技術を必要とする。それは、レストランや

ホテルであったり、食品加工者であったり、樹液を生産する山の人たちとは異なる領域である。秩父地域がカエデの自然分布に恵まれ、将来数万本の造林が可能であるとしても、生産者として樹液を供給するだけでは産業として成り立たないことは明らかである。原材料として買いたたかれれば、生産基盤が弱く多くの手間を必要とする現状では存続は不可能だからである。カエデの樹液活用は、山を健全に維持しながら山の価値を支え、育み、共有する仕組みを必要とし、地域の人々の役割と都市の人々の共感を当初から前提としている。それは、一つの業界が独占することでも、森林所有者が木を枯らしてまで森林から収奪することでもないのである。

「山・里・街連携」という言葉は、いまだ明確な定義があるわけではない。カエデ樹液は、市場原理主義に立たない何かを山の側から提起する試みでもある。森と森の恵みを楽しむ消費者の近さが魅力でもある森林資源である。毎年、新茶や新酒の季節が話題になるように、日本のカエデによってつくられた料理を楽しむような食文化が育まれていけば、森林への評価はどのように変わるのだろうか。街の人々が支える食文化が、里の産業の活性化に寄与し、山へ必要な資金が還流する仕組みができることが一つの到達点である。

森林施業の観点から人工林と天然林の統合的な管理という考え方は先に述べたとおりである。それは森林を経済林と非経済林に区分し、環境林を森林経営から排除し、財政的な支援で維持するという考え方とは違った視角を持つ考え方である。さらにカエデ樹液生産は、森林内に散在するカエデの位置を把握し、樹液産出量や流出時期を推定するといった１本ごとの管理を必要とし、森林 GIS（地理情報システム）の活用を前提に森林の単木管理という考え方に導くものである。単木ごとの森林情報の集積のうえで、ユーザーと連携して林分単位で樹液を採取し、林分単位で森林を維持管理することもできるようになる。A 地区のカエデ林は B デパートの森として育てられるというような関係が生まれるとすれば、それは山・里・街が連携する森林活用の新しい形となる。

国内の森林資源の充実は、新たな国産材の時代の到来と期待されている。しかし、低い市場価格のために搬出にかかる経費を抑えた低コスト林業が一つの目標とされている。このために高性能林業機械の導入と林内路網の整備

は不可欠といわれている。このように大きな資本投下を必要とすることは、比較的小さな面積を持つ所有者にとっては困難であり、森林の施業集約化が全国で試みられている。しかし、そのことをもって森林所有と森林施業の分離という時、そこにはこれまで永年森林を維持してきた所有者を排除する論理が内包されているように思われてならない。森林の育成には50年以上の歳月を必要とし、それを守ってきた人々がいる。伐採搬出時の効率性や当面の市場動向を基準にするのではなく、長期的な視点に立った政策が求められる。林業は自分一代だけで終わりと諦め、苦悩する方も多いのではないだろうか。しかし、そのような山のことを熟知してきた山の担い手に、それにふさわしい敬意と経済的な裏付けが約束されてもよいのではないだろうか。自らの山の価値を再認識し、自信と誇りを取り戻すことが林業の活力を取り戻すことになる。林地の崩壊を防ぐためにケヤキやカエデを植えてきたことが、今ようやく活かされようとしている。

「広葉樹ルネサンス」とは、雑木として評価されることの多かった広葉樹を見直すということにとどまらず、森林施業のあり方、森林活用の仕組み、林業への持続的な情熱の形成に向けた新しい森林づくりへの試みである。それはまた、人と森林との本源的な関係の復元あるいはその模索の始まりである。カエデ樹液の活用は、あくまでも、その一つの例にすぎない。

第4報告

里山広葉樹活用プロジェクト
―宮崎県諸塚村を事例として―

中澤　健一（国際環境 NGO FoE Japan）

　食品の分野では、有機野菜やトレーサビリティなど、安全安心なモノを求める取り組みがだいぶ浸透してきたが、住宅、家具、木工品、紙などの木材製品の分野においては、産地の森林や樹種に対する関心はまだまだ低い。フェアウッド・パートナーズは、木材が違法伐採ではないか、森林が破壊されていないかといったことに対する関心を高め、森林を壊さない木材の使い方を「フェアウッド」として、需要側の企業や消費者に賢い木の使い方を提案・コーディネートしている。里山広葉樹活用プロジェクト（諸塚どんぐり材プロジェクト）は、海外の貴重な天然林資源に依存せず、日本全国でもっとも身近に存在する里山広葉樹であるクヌギ・コナラの活用を目的とした取り組みである。

里山広葉樹活用の意義
(1) 国際的な見地からの意義
　内装や家具材には広葉樹が広く使用されているが、今日の日本ではその大部分を海外の天然林資源に依存している。しかしこれらの産地では、違法伐採問題や希少種という面でハイリスクな樹種も少なくない。例えば、ロシアや中国からのナラ、タモ、東南アジアからのチーク、カリン、黒檀、紫檀、アフリカからのブビンガ、ウェンジ、ゼブラウッド、南米からのマホガニー、ローズウッドなど、日本でもインテリアや内装建材でよく目にする樹種だ。これら高級広葉樹は専ら天然林から産するが、世界的に天然林資源の劣化は著しく、中国をはじめ新興国の猛烈な需要とも重なり、国際市場からの広葉樹資源の調達は困難になってきている。

途上国を中心に木材の主要生産国では、違法伐採問題が根深く続いている。とりわけ木材価格の高い高級樹種では、貧しい地元住民や出稼ぎ労働者に安い賃金で盗伐させ、それを組織的に集めて国際市場で流通させるブローカーが暗躍している。

また、そうした明らかな盗伐だけでなく、大きな林産企業が不当に伐採権を得て天然林を大規模に皆伐し、その後は造林しないままというようなケースも少なくない。腐敗が蔓延しガバナンスの悪い地域では、本来発給できないはずの森林に対しても伐採権などの許可証が乱発され、伐採権を得た企業が森林を利用してきた住民を強制排除し、紛争や傷害事件、裁判にまで発展するケースも多発している。このような違法伐採と疑われる木材は世界市場に流通しており、日本にも輸入量の1～2割が入っていると見積もられている。

海外からの原木・原板の直接の輸入量は減少しているが、今や中国やベトナムなどからの大量の製品輸入の形に取って代わっている。サプライチェーンの把握がいっそう困難になる中で、第三国を経由することで違法材の「ロンダリング」はむしろ容易になっている。

（2）国内事情からの意義

日本列島は北から南まで非常に長く、標高差も大きく、かつ年間降水量も豊かで、植物の生育に適した環境にある。世界的に見ても、生物多様性ホットスポットとして指定されユニークな生態系を有している。日本の本来の森林植生は、ミズナラ、ブナ、イタヤカエデ、ヤチダモ、ハルニレ、セン、マカンバ、カツラ、トチなど、多種多様な有用な広葉樹からなる。

さらに、いわゆる里山林と呼ばれているところには、コナラ、クヌギ、ヤマザクラ、クリ、オニグルミ、シイ、カシなどが、列島の広範囲に存在している。

環境省の調査によると、いわゆる里山林と呼ばれる二次林は770万haで、日本の森林面積の3割を占める。また、樹種別に見るとスギ林の21％に次いで多いのがコナラ林の14％で、ヒノキやマツよりも多いといったデータもある。

このようにスギ、ヒノキ以外にもたくさんの種類の樹木に恵まれていながら、国内での広葉樹資源は持続的な利用も確立されていない状況にある。

里山林は、集落に隣接して薪炭利用やシイタケ栽培をはじめ、エネルギーや食料、生活・農業資材などを確保する場所であった。しかし全国の中山間地で過疎・高齢化が進む中で、利用されずに管理放棄される里山林が拡大している。シイタケ原木の利用だけで見ても、最盛期の1980年には200万m^{3}くらいあったのが、今では50万m^{3}ということで、4分の1にまで減少してしまっている。

燃料革命を経て40～50年経ち、里山林にますます人が入らなくなり、目が向けられなくなった。里山生態系は、植生が遷移しつつある。マツ枯れに続き、近年はナラ枯れの被害も広がってきている。大陸からの移入種であるモウソウチクが年間2mという速度で生育フロントを広げ、樹冠を鬱閉しスギ、ヒノキやコナラなどが立ち枯れていく。

各地の里山はジャングルのような状況になっている。不法投棄の問題も後を絶たず、イノシシやサルなど野生動物との接触による問題が起きている。過疎・高齢化が進む中山間地集落では、イノシシによる農作物被害が高齢者の自給的耕作を断念させ、ますます集落から人が離れていく。

国内の広葉樹の生産は、北海道と北東北にほぼ限定されているが、これら産地においても供給体制は過去10～20年くらいの間に、著しく衰退した。今や家具や建材製品の多くが中国やベトナムからの輸入に取って代わられ、国内での広葉樹原木の需要は激減した。現在の広葉樹生産量は250万m^{3}程度で、しかもそのうち9割近くは紙パルプ用であり、製材用はわずか30万m^{3}程度しかない。建築用材への総需要から比べると微々たる量だ。

これらの結果として、中山間地域の重要な雇用の場としての木材生産・加工業は続々と廃業し、地域の資源である広葉樹を活かす高度な木工技術や伝統技術の伝承も困難になってきている。

里山との関わりを創り直していくこと、地域に残る高度な技術を利用していくこと、地域の中で健全な需要と生産の循環を再構築していくことがとても大切である。

諸塚村のどんぐり材

（1）諸塚村の森林

　諸塚村は宮崎県の北部に位置し、九州山地の中にある典型的な山里だ。人口は約1,800人、95％が山林であるが、林道密度は日本一を誇る。特徴的なのは、シイタケ・木材・お茶・ウシの四つの基幹産業を複合的に経営していることだ。山林だから木材ということではなく、一つに片寄らない多様性を大事にしている。もう一つは、「諸塚方式」の産直住宅である。九州圏内に限定して設計事務所や工務店と提携することで、葉枯らし天然乾燥材を毎年計画的に生産し、村内で製材加工して現場まで直送している。過去10年ほど取り組みをしてきて成功を収めている。また、村内ほぼすべての山林が私有林・村有林含めてFSC認証を取得しており、全国的にも非常に稀有な存在である。

　諸塚村の山の景観は、針葉樹と広葉樹、林齢も含めて、多様な森林が小面積でパッチワーク状に並んでいる。急傾斜地において数百年にわたって生活を営んできた経験から、戦後の拡大造林期にも流されることなく、多様性のある森林と産業を維持してきた。

　村の林地の3割がシイタケ栽培を目的としたクヌギやコナラの里山二次林であり、蓄積量は20万m^3以上になる。年間約9,000m^3の原木を生産し、そのうち第3セクターのウッドピア諸塚が運営する「原木銀行」が年間約1,000m^3を伐採して村内のシイタケ農家に供給している。

　しかし、直径21cm以上のものは、シイタケ原木として扱いにくく、規格外として流通価格が半額になってしまう。そのため、ますます伐採意欲が湧かないということで、これが更新を妨げるという状況になってしまっている。

　この原木銀行で取り扱っている原木の内訳は、クヌギがだいたい500〜700m^3、コナラが300〜400m^3で、合計で年間約1,000m^3くらいの原木を生産している。このうち規格外の大径木の割合は、だいたい3〜5％、多い年は9％で、10％に満たない程度だが、大径木に需要が生まれればまだまだ出材の余地はある。

（2）諸塚どんぐり材プロジェクト

　プロジェクトは、シイタケ生産を補う新たな広葉樹需要の開発を目指すとともに、全国の里山広葉樹の活用へ一つのモデルを提示できればということで、2010年の夏からスタートした。大径化したクヌギ・コナラを「どんぐり材」として活用していこうということだが、割れや反り、収縮、虫食い、不均一な木目、重量など、今までの価値観からすると多くの「欠点」がある。これを欠点ではなく、ナチュラルさとか色のコントラストが美しいということに、価値観を転換していきたい。難しい乾燥とか手間のかかる木取り作業については、世界屈指の日本の職人技術を発揮する余地があるというように、ポジティブに捉える。低くなりがちな歩留まり率については、家具だけ、内装材だけではなく、小物から薪まで含めて、材料をフルに活用していく。硬くて重いということは、針葉樹にはない重厚な質感と用途が必ずあるはずだ。手間とコストがかかるということについては、顔の見えない既存の流通マーケットに価格形成を委ねないという方針で取り組んでいる。

　これまでに、原木の生産から製材、乾燥、加工、試作を3ラウンド回してきた。第1ラウンドでは当座で確保できた1.5m^{3}の原木から、テーブルとイス、靴べらやテープホルダーなどの小物を試作し、材料の特質を評価した。

　それを踏まえて、第2ラウンドでは、2010年秋に伐採し、年末に一次製材、年明けに人工乾燥から集成材加工までを行った。材料の品質を改善するため、原木の段階から用材として使うことを前提にある程度の選木をしながら伐採・集材した。また、事業化を想定しながら運搬、乾燥、加工工程を回すため、トラック1台で運べてちょうど乾燥機サイズに納まる約10m^{3}の原板を確保した。そして集成材フリー板パネルを中心に試作し、産直住宅内装材として活用するととも

試作したテーブルとイス

もに、その集成材を使って家具も試作した。これにより各工程でのコストを大まかにつかむことができたが、まだもう一段の品質改善、歩留まり向上とコストダウンが必要なことが判明した。また選木と同時に10m^{3}以上出てきたハネ材原木は、薪に加工利用している。

現在の第3ラウンドでは、2010年10月に伐採し、2月まで葉枯らし乾燥を行った後、集材して4月に原板製材（約28m^3）した。その後、夏場にかけて標高の高い諸塚村内で桟積み自然乾燥を行った。9月下旬に製材所に運搬し、10月下旬から人工乾燥機にかけている。

同時に需要先、出口の開拓のため、九州各地の設計事務所・工務店・作家などを訪問してどんぐり材を紹介するキャラバンも実施した。ストーリーのある地域の木材を使いたいという関心は高く、住宅のほか、医療施設・福祉施設などでも使ってみたいとの引き合いが入ってきている。

今後の課題

まずは材料の品質改善だ。伐採適期を守り、ある程度の選木をして、割れや反りを最小限に抑えるような自然乾燥から人工乾燥までの工程を開発する。製品使用時の材料の動きも評価していく必要がある。販売時に取り扱い方法やメンテナンスについて十分に説明していくことも必要だ。

次に、コスト。山から製品になるまでの工程で、誰かにしわ寄せがいくのではなく、コストをオープンにして持続的に取引ができるように、価格を設定していく。そのうえで、割れや反りを抑えていかに歩留まりを上げられるかが最大のポイントだ。さらに、端材まで余すところなく使い、小物から薪まで製品化して、少しでも材料代を回収していきたい。

同時に、販売先の確保も重要だ。内装材・家具・小物・薪までトータルでの出口開拓がなければ、スムーズにモノが流れていかず、費用回収も滞る。産直住宅系設計士・工務店を中心に、内装材としてある程度ボリュームを出しながら、家具や小物、使えないところは薪として、顔の見える地産地消型の製品として使っていただけるよう努力したい。

現代社会は、食料もエネルギーも資材も、生活や社会・経済に必要な資源の大部分を、遠く海外の資源に依存するといういびつな時代になってしまっ

た。マネー、物流、情報がグローバルに加速度的に肥大化する一方、足元の地域資源や地場産業は素通りされている。

　本来あらゆる生命体は、その個体が自ら生み出すエネルギーの範囲内で、必要な物質を調達して生命活動を営んでいる。それによって地域内における物質循環を正常に保ち、生態系が健全に保たれてきた。しかしこの生態系の原則は完全に崩れてしまい、世界的な森林の消失とローカルな里山林の荒廃が現象として生じてきている。

　プロジェクトでは、どんぐり材が経済合理性優先の大量生産・流通型の単一的な資源利用にはなじまないという認識のうえで進めている。村での四つの産業の複合経営のように、どんぐり材も建築用だけとか、家具用だけではなくて、トータルでフル活用していきたい。

　諸塚村での数百年にわたる暮らしや営み、慣習や文化に学び、森の生態系の多様性を尊重しながら、農林複合的で多様な森の利用と、できるだけ目の行き届く範囲内でのモノ・カネ循環を目指している。

　顔の見える村のコミュニティの互酬的関係性をこのプロジェクトの中でも大事にしながら、九州を中心とした地域内での健全な需要に応える小さな産業育成に貢献できれば幸いだ。

第1章　広葉樹ルネサンスで、むら・まちを活かす

第5報告

アメリカ広葉樹の有効利用

辻　隆洋（アメリカ広葉樹輸出協会）

アメリカ広葉樹輸出協会とは

　アメリカ広葉樹輸出協会は米国農務省の外郭団体で、現在大阪の米国総領事館内に事務所を構えて日本でのアメリカ広葉樹のプロモーション活動をしている。セミナーの開催、現地視察、トレードショーへの出展参加等でアメリカ広葉樹の技術的なサポートや米国の市場動向などの情報提供を積極的に行っている。セミナーでは日米欧の著名な建築家を講師として招き、アメリカ広葉樹の実際の内装事例等を紹介するほか、現地視察では日本の建築家・

米国家具木工業界視察
写真提供：アメリカ広葉樹輸出協会

35

デザイナーを家具メーカー、内装材メーカーや木材問屋に案内し、アメリカ広葉樹の加工現状等を視察していただいている。さらにアメリカ広葉樹の家具材や内装材としての有効利用を促進するプロジェクトも進めている。我々のポスターにはアメリカ広葉樹の主要樹種であるハードメープル（Hard Maple）を使用しているバイオリンとホワイト・アッシュ（White Ash）で製造されたバットの写真を使用しており、アメリカ広葉樹が日本の皆さんに大変身近で魅力あふれる木質素材であることを知っていただく努力を重ねている。

アメリカの広葉樹の植生

　米国の広葉樹は主に米国東海岸地域、中西部地域、北部地域と南部地域の4地域に生育している。その北部地域のウィスコンシン州ミルウォーキー市は北海道札幌市と同緯度にあり、北海道の広葉樹とよく似たホワイトオーク（楢）やメープル（楓）が生育しており、10～11月にかけて紅葉し北海道とよく似た風景が見られる。その面では日本の家具・木材業界の方に親しみ

米国東部広葉樹林地帯
写真提供：アメリカ広葉樹輸出協会

やすい樹種と考えられる。

　米国ではほとんどの広葉樹林が私有林である。約400年前に欧州より移民が米国東北部（マサチューセッツ州等）に上陸して以来、ほとんどの土地が個人所有になっているため、いわゆる農家の方の私有地の中から伐採されているのが現状である。米国広葉樹林の所有形態の割合としては農家が約70％、木材産業いわゆる製材会社や製紙会社等の所有が約10％で約80％以上が私的所有であり、残りの約20％以下を国や州が所有している。

　米国広葉樹林は混合樹林でメープル、オーク、ウォルナット、チェリー等の樹種が混在している。そのため、米国の広葉樹は針葉樹と違い皆伐（クリアハーベスティング）はせず、択伐（セレクトハーベスティング）で行われており、夏季に森林管理者（フォレスター）がマーキングしたものを冬季に伐採する方法をとっている。マーキングはフォレスターが立木を自身の胸の高さで測り、その径級が伐採の基準に達した立木のみ、成長が止まっている冬季に伐り倒される。例えば、成長しているハードメープルを夏季に伐採すると樹液（メープルシロップ）の粘りでチェーンソーが止まってしまううえに、その樹液がシミになり木材としての価値を下げてしまうため、夏季にはほとんど伐採しない。

アメリカ広葉樹の資源

　アメリカ広葉樹資源は年々増加し、成長量が伐採量の2倍近くになっており、今後も安定供給可能といえる。というのはアメリカ広葉樹林では国・州・民間による適切な森林管理が行われており、長年にわたる努力により持続可能な木材資源になっているからである。なお、アメリカ広葉樹の更新は植林ではなく天然更新である。

アメリカ広葉樹製材の寸検方法

　アメリカ広葉樹業界では寸検にメトリックシステムを使っていない。長さはフィート、幅はインチで寸検している。そのため、丸太の玉切りも8フィート、10フィート、12フィートという長さで玉切りをしている。また、製材の厚みもインチサイズを使用しており、厚みは4分の4（1インチ）、5

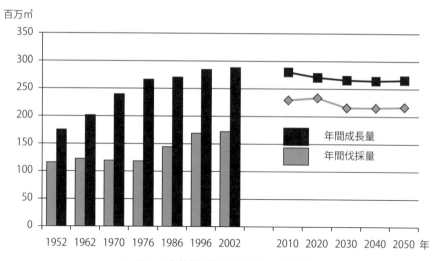

アメリカ広葉樹の年間成長量と伐採量
出典：アメリカ広葉樹輸出協会
注：2010年以降の折れ線グラフは予測。

分の4（1.25インチ）という方法で、4分の1ずつ厚くなっていく。さらに、アメリカ広葉樹製材を輸出する場合は必ず人工乾燥を行い、含水率は約5～6％くらいまでに落とされている。10年以上前までは人工乾燥による乾燥不良問題が発生していたが、現在では人工乾燥機がコンピューターで管理され、含水率等のクレームもほとんどなくなっている。乾燥後はコンテナーに入れられ日本などに輸出される。

　アメリカ広葉樹製材の等級格付けについては、全米広葉樹製材協会（NHLA）が設定している格付方法に基づいて等級格付けが行われている。AグレードをFAS（First and second）と呼び、BグレードをNo. 1コモン、CグレードをNo. 2コモンと呼ぶ。FASグレードでも100％無欠点ではない。約83％以上無欠点であればAグレードになる。このグレードは主に日本やドイツなどに輸出する場合が多く、米国内では主にBグレードのNo. 1コモン（約66％～83％が無欠点）が使用されている。CグレードのNo. 2コモン（約50％～66％が無欠点）は米国内のフローリング用材として主に使用されている。なお、FASグレードは、例えば一山の丸太を製材しても、その材積の約10％程度しかとれない。

アメリカ広葉樹の特徴と有効利用

　今までの対日輸出では、FAS グレードより良いものがほしいという要求が日本側から強く、我々としては日本のユーザーが非常に高い買い物をされていると考えていた。

　代表的な例としてホワイト・アッシュがあげられる。ホワイト・アッシュという材は心材（灰褐色）と辺材（白色）の色が違う。全米広葉樹製材協会（NHLA）の等級格付けでは「色違い」は木材の欠点と見なされないので、FAS グレードでも色違いの材が含まれる。そのため、日本側から少なくても一面は白色（辺材）という要求がある場合は価格がとても高くなる。この色違いはハードメープルとチューリップウッドにもある。さらにチェリー材（桜）には必ずガムスポット（ヤニ壺）が FAS グレードでも含まれる。我々は「色違い」や「ヤニ壺」のことをアメリカ広葉樹のキャラクターマーク（特徴）と呼び、アメリカ広葉樹の本当の良さを表していると日本のユーザーに訴えかけてきた。その方法として 2001 年よりアメリカ広葉樹エコ・プロジェクトを開始した。まず、飛騨高山と九州の家具・木工メーカーにアメリカ広葉樹のキャラクターマークをデザインとして取り入れたエコ・ファニチャーを製作していただき、その年の東京国際家具見本市に展示、2002 年

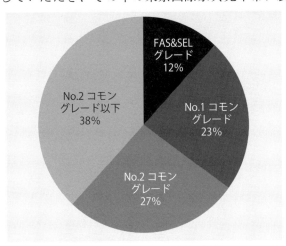

原木から産出する製材の等級割合
出典：アメリカ広葉樹輸出協会

には北海道旭川市と広島県府中市の家具・木工メーカーにエコ・ファニチャーを製作していただき同じ見本市で展示した。これらの活動によって、今ではキャラクターマークをデザインとして取り入れた家具が徐々に認められてきている。翌年の2003年からはエコ・インテリア・プロジェクトを開始し、日本の建築家にキャラクターマークを取り入れたアメリカ広葉樹を実際の商業店舗や保育所の内装材として使用してもらい、その事例を掲載したパンフレットを作成して建築家・デザイナーに配布した。その結果、日本のユーザーにアメリカ広葉樹のキャラクターマークを認識してもらえるようになり、今ではヤニ壷が入った家具や内装材等が一般的になってきている。

アメリカ広葉樹のハング・タグ・プロモーションと合法性証明

　アメリカ広葉樹輸出協会は2000年8月からアメリカ広葉樹の「ハング・タグ・プロモーション」を展開している。アメリカ広葉樹材を使用している日本の家具・内装材メーカー63社（2011年11月現在）にタグ、POPスタンド、説明書を無料で配布し、アメリカ広葉樹が適切な森林管理により安定供給可能であることを日本の消費者にプロモートしている。さらに2009年からは、2006年に施行された改正グリーン購入法のガイドラインに沿ったアメリカ広葉樹の合法性証明証をアメリカ広葉樹輸出協会メンバーの対日輸出に発給しており、それらの船積み書類にアメリカ広葉樹合法性証明のスタンプが押されている。

日本の木材加工技術の維持・発展

　最後に日本の木材加工技術の素晴らしさを日本の方は再認識する必要があると思う。米国の木工職人は日本の木工技術や木工具に非常に尊敬の念を抱いている。しかし、日本の現状を見ると、家具や内装材の海外生産で日本の木工業界は衰退しているように見える。米国の広葉樹業界としては日本のそれらの技術がさらに発展することを願っており、そのことがアメリカ広葉樹の対日輸出の増加に繋がると考えている。今後も日本の家具・内装材・木材業界の方とともにアメリカ広葉樹の本当の良さを日本の消費者にアピールしていきたいと考えている。

パネルディスカッション

議論の三つの柱

座長（野口俊邦・信州大学名誉教授）:
本日は、大きく三つの討論の柱を立て、それについて5人の報告者から簡単な説明をもらいながら、話を進めていきたい。最初に全体像を述べると、まず1点目は、なぜ今広葉樹ルネサンスなのかということである。そして、それが、まち・むらの活性化とどう繋がるのか、その今日的意味は何かということを、ご報告いただきたい。2点目は、ではその広葉樹ルネサンスがもし実現されたとすれば、どのような山村、森林、林業像が描けるのだろうか。人工林時代でずっときて、煮詰まっている。それが広葉樹ルネサンスという方向を目指すことで、何が開けていくのかについて少し補足していただきたい。3点目は、では広葉樹ルネサンスが進むということになった場合に、それを阻むいろいろな問題、あるいは課題は何か、ということについて議論をしていきたい。

なぜ今広葉樹ルネサンスか？

土屋俊幸:
一つは、我々に近いところの大きな政策転換として「森林・林業再生プラン」があるわけだが、その中で広葉樹がほとんど取り上げられていないという事実がある。その部分を何とか議論して補いたいということが、一番直接的なきっかけだ。もう一つは、例えば、戦前期は国有林の天然林、戦後は拡大造林に突っ込んだ時

期があった。あるところで「こうだ」と決めてしまうと、何も見ず検証もなしに行ってしまうということがある。そういう発想そのものが多様性に欠けており、我々の社会の脆さだと思う。森林、林業、山村に関わる部分でも、そういう意味での発想の豊かさ、多様性が必要だ。つまり、人工林、もしくは針葉樹というものを否定するのではなく、重要な資源として残っている広葉樹にちゃんと目を向けるべきではないか。その中で発想の多様性や、利用の多様さ、生活の多様さを持つべきではないかと思っている。

天野智将:
やはり再造林費を抑えた林業経営だ。針葉樹では再造林費が問題になっているが、広葉樹の場合は、過去の経験において再造林費が少ない経営ができていた。もう1度それを参考にしてやっていきたい。そのことから、スギ人工林経営にも寄与できる。地域性はあるが、日本の森林全体の活力を上げることができるのではないか。

田島克己:
いかに私たちが森林の価値を取り戻すかということが終局的な課題だろうと思う。NPO法人秩父百年の森は、秩父地域でブナを中心に植林活動を行ってきたが、森を活かすためには植えるだけでいいのかという疑問から、カエデに取り組むことになった。森林を伐らないという当法人の方針の理由は、広葉樹が良いとか、伐らない林業が良いということではない。日

41

本の森林を前にして、私たちは基本的にどういう立場をとるべきか。根本のところから考えないといけない時代に来ているという認識が出発点となっている。

中澤健一：広葉樹ルネサンスの今日的な意義を説明する。一つは、世界的に天然林資源の劣化と減少が急ピッチで進んでいることがある。それにもかかわらず新興国では猛烈に需要が伸びており、特に中国にどんどん広葉樹資源が流れている中で、日本は資源が確保できないという事態にも至っている。二つ目は、国内に目を向けた時に、足元の森林が、今までスギ・ヒノキというモノカルチャーの林業が中心で、日本本来の豊かで多様な森林植生の部分に、あまり目を向けてこなかったことがある。多様な森林生態系の見直しが必要である。それから、各地にある里山林、人間が住む里の近くの森が、みな放棄されてしまったという事態の中で、もう１度足元の資源を木材としてだけでなく多様に使っていくことが、非常に重要だと思う。

辻隆洋：アメリカの一般的な市民は、広葉樹に非常に親しみを持っている。普通の家でもバックヤードには、必ず何がしかの広葉樹が生えており、オークとかメープルとか、チェリーとか、小さい時から非常に広葉樹に親しみを持っている。その面では、木材に対する考え方がアメリカ人と日本人では違うのではないかと思っている。面白い話として、竜巻が通った後は多くの広葉樹の樹木が倒れる。日本の場合、その後の処理は役所が行う。ところが、アメリカでは、各家庭でピックアップトラックと

チェーンソーを必ず持っているので、竜巻が通った後は皆がピックアップトラックに乗って、チェーンソーを持って、「俺はこの分を持って帰る」と、勝手に伐って、その広葉樹をみな持って帰る。子どもは薪割りをし、チップにして、また来年の冬に使うといったように、小さい時から「この木は何に良い」と知っているなど、非常に広葉樹に親しみを持っているケースが多い。今の日本では、そういう話はほとんど聞かない。

座長：皆さん針葉樹材へのいきづまりは感じているが、そこから一気に広葉樹ルネサンスを図らなくてはいけないという状況はまだ熟成していないのではないか。そういう意味では、今回のテーマは若干先取りしすぎた面もあると思う。この点についてどう思うか。

土屋：この間、政策的な論議は、むしろ、スギ・ヒノキをどう有効に使うかというほうに集中したと思う。ここで広葉樹というのは、唐突感が否めないというのは正直なところだ。しかし、このような考え方は今だからこそ必要で、広葉樹ルネサンスというキャッチコピーを使ったのも、ぜひ新たな視点から考えていただきたいというのが、我々の企画意図だ。

中澤：諸塚村の人たちは、数百年来、九州の山岳地帯に住んできて、その中でお互い助け合いながら、自然と折り合いをつけながら暮らしてきた。それは数百年受け継いできた伝統的な知恵のようなもので、全部スギ・ヒノキばかりにしてしまった時に、どれだけ怖いことが起こるかというこ

とを身をもって知っているのだと思う。

広葉樹ルネサンスは何をもたらすのか？

座長：次の話題に移りたい。広葉樹ルネサンスが実現した場合、森林や林業、さらには山村や国民生活にどういう変化がもたらされるのか、どういう像を描いているのかについて、少し補足していただきたい。

天野：どういった需要を狙っていくのか。一つは、日本の木材の使い方、製品に対する考え方が変わっていかないと無理なのではないか。工場から出てきた時が製品は一番状態が良くて、その後経年に従って、どんどん右肩下がりに落ちていくというのが、日本の基本的なものの捉え方だ。アメリカの話や、ヨーロッパの話を聞いていると、工場から出てきた直後というのは、実は一番良い状態から少し落ちている。それを使う人間がいろいろと手を加えることによって一番良い状態にして、それを維持しながら使っていくという。今の日本の住宅には、坪単価35万円の住宅と、坪単価50万円とか60万円の住宅がある。その構造が残っている限り、住宅は消費材でしかない。前者の場合、住宅を購入した世代が終わったら、それは使われなくなってしまい、リサイクルに回っていかない。50万円、60万円の住宅の中古を安く手に入れて修理して使っていくような使い方は、広葉樹のように硬い材を無垢に近い形で使って建築しないとできない。広葉樹ルネサンスでは、そのような使い方が広がっていってほしいというのが、私の今の考え方だ。

座長：この問題は、テーマ自身が現代の文明批判的な内容を含んでいると思うが、まさにそのような提起をいただいた。

田島：非常に難しいテーマだが、実際にカエデの樹液を扱ってみると、なかなか面白く奥が深い。樹液で創作した食事を、里の方たちの協力を得て食べていただくエコツアーをやっている。森林がいかに大事な環境であるかということを体験していただくことで、豊かな生活環境が日本でも醸成されていくと思う。山や自然から生まれてくるものを楽しむ文化をお互いに共有することで環境を守っていくことになればいいなと思っている。

中澤：広葉樹ルネサンスが仮に実現された場合、どのようになっているかというイメージだが、今「本当の豊かさ」という言葉があったが、3.11がものすごく大きな衝撃として、日本人に突きつけられた。その中で本当の豊かさということを、まさに今、たくさんの人が問いかけていると思う。今まで追求してきたのは貨幣的な豊かさ、市場経済に基づく価値的な豊かさで、儲からなければやらないというのが、今までだったと思う。しかし、儲からなくても、お互いに助け合いながら、地域の資源などを暮らしの中、地域の経済の中に取り入れていくということがすごく大事だ。広葉樹ルネサンスが実現されるためには、そういうことが実現されている必要があると思う。

辻：広葉樹ルネサンスが実現された場合ということだが、日本の場合、どうしても完璧性を求めるという日本の素晴らしい上

向志向が木材に対しては非常に強すぎるのではないかと考えている。広葉樹ルネサンスということであれば、もっと無垢材を使っていただきたい。そのために、広葉樹の欠点、いわゆるキャラクターマーク、色の違いとかを含めたものを使っていただきたいということで、我々は非常にプロモーションに力を入れている。例えば、アメリカならば、キッチンキャビネットの扉はほとんど無垢で使われている。日本のように、柾目が良いとか登り木目が良いとか、そういうことは言わない。アメリカに住んでいた時に家を見に行ったら、キッチンキャビネットの扉が全くない家が2～3軒あった。前の住人の奥さんがそのキッチンキャビネットを非常に気に入って引っ越しの際に持って行ったというわけだ。広葉樹の良さの認識という面でのルネサンスが実現されれば、日本の国民生活はもっと豊かになるのではないかと思う。

土屋：6～7年前に、諸塚に初めて行った時に、頭の中では林業が盛んなところなので針葉樹一辺倒というイメージだったので非常に衝撃を受けた。モザイク状の土地利用になっていて、山の上のほうにも集落と農地と人工林、そして広葉樹林が転々とある風景を見て、どうしてこんなことができるのだろうかと思った。広葉樹の利用だけではなく、複合的な経営が可能な産業基盤があることで社会の成り立ちも支えていけるような状況は、一つの理想型だと思う。

広葉樹ルネサンスを進めるための課題

座長：最後の話題となるが、混交林ある

いは天然林と人工林との複合的な施業体系というのは、基本的には確立されていないと思う。広葉樹利用を振興しながら、それをむら・まちの活性化に繋げなくてはいけないという方向性を出していただいたが、現状ではまだまだ厳しいという気がする。そこで、課題を解決する道筋を述べてほしい。

田島：秩父には、シオジ、トチ、ミズメなどの非常に優れた天然林があったが、伐採されつくされ、今日に至っている。では、どれくらいの蓄積があれば伐採してよいかというのは大きなテーマだと思う。それで、実際にどれくらいあるのかということで、イタヤカエデを中心に約2,000本近い樹木の調査を行い、結果はGIS（地理情報システム）で管理できるようにした。山持ちたちが、そういうことを認識し、森林情報を整備することで、どれくらい経ったら伐れるかということが見えてくることが大切だ。

天野：樹種別にすべてを網羅調査するのは、日本では難しい。ただ、森林総研と林野庁は、森林資源調査を実施し、森林簿に反映させている。また、森林にモニタリングポイントを設定し、資源把握を実施したこともあるが、膨大なデータがうまく利用されていない。必要な地点を自分たちで調査していかないと森林資源のデータは使いにくいのが現状だ。

中澤：広葉樹ルネサンスを実現するうえでの問題点ということで考えたのだが、多様性が一つのキーワードになっていると思う。広葉樹を使おうといった時に、広葉樹

の利用率や利用量を追求していく形になっていてしまうと、ではもっと効率的にケヤキを大量に生産するためにはどうしたらいいのかだとか、バイオテクノロジーでもっと早く育てるとか、虫に負けない木を創ろうとか、そういう方向にいきかねない。今日の議論はそういう方向性ではないと思うのだが、気をつけなければならないのは、広葉樹ルネサンスで広葉樹の使用量だけを指標にしていくのは違うということだ。多様性がキーワードなのだが、今までの産業革命以降のベクトルは、単純化した中で部分最適化を図っていく、効率化を追求していくということでやってきた。そうしたベクトルは、多様性と相反するところがたくさんある。使い方の部分でも、では木材だけ、燃料だけとか、今自然エネルギーも原発に替わるエネルギーとして注目されているけれども、山の資源をみな燃料にしてしまうということになると、また禿山ばかりになりかねないので、今のベクトルではないところで折り合いを探していくということが大切だ。

もう少し現実的なところでいえば、需要面の開拓だ。節があったり、虫穴があったりしてもいいじゃないか、白太があってもいいじゃないかという自然の多様性を前向きに評価する。また、諸塚の場合の産直住宅は、顔の見える関係を大事にしながら一人ひとり訪ね歩いて開拓してきた部分がある。広葉樹ルネサンスを実現するうえでも、そのあたりが一つのカギになるという気がしている。

辻：アメリカ側から見ると、広葉樹ルネサンスを実現するうえでの問題点は、日本の皆さんが、日本の素晴らしい木工技術をあまりにも過小評価していることが一つある。アメリカ人が経営する製材会社や家具会社では、そのクオリティについて、"We are No.1"と言う。しかし、アメリカ人の木工職人さんが一番ほしいのは日本の木工道具だ。東京だと合羽橋に皆さん行きたがる。それだけ日本の技術は素晴らしいということを、日本の方はあまり知らず、技術もどんどん日本からなくなっていることが、広葉樹ルネサンスを実現するうえでの大きな問題点ではないかと思う。

土屋：広葉樹のこれからのやり方としては、広葉樹林を増やしていくことも必要なのではないか。群馬県の最も新潟県寄りにある1万haの国有林では赤谷プロジェクトというモデル事業をやっている。スギやカラマツの人工林をある程度伐採して、自然林もしくは広葉樹林に換えていこうという試みがその中で行われている。しかし、人工林をどうやって自然に戻していくかということについては、施策としてきちんと行われてこなかったので、技術的な基礎が非常に乏しく、試験的なものからやらなければならないという状況だ。知識の蓄積とその継続ということをこれからやっていくことが非常に重要なのではないか。

天野：今一番の問題点は、伐られていないということだ。伐って利用し、次世代に繋げていくことが一番重要だと考えている。それがどうしてできないのか。それは経済の問題もあるが、やはり木を伐った後の再生の筋道がちゃんと説明できないこと

が大きい。薪炭材やシイタケの原木といった細いものから、もう少し太くして用材をとるとか、今までの育て方でいいのかとか、そういったことは、経験則だけでは問題の解決にならない。

座長：今日は５人の方、とりわけ林業経済学会以外のお二方にもご参加いただいて、我々が日頃議論していないような、多様な角度からこの問題についてご報告いただいた。私は人工林一辺倒という時代が始まった高度成長期、これが森林・林業・山村崩壊の序曲であったと思っている。そして今、新しい再生の道がこの広葉樹ルネサンスとともに展開し始めたと期待したい。

第2章 "里エネ"ルネサンス 活かそう地域のエネルギー

日時　2012年9月29日（土）
場所　東京大学弥生講堂

報告者

安村 直樹
東京大学

河野 太郎
衆議院議員

小池 浩一郎
島根大学

竹川 高行
葛巻町森林組合

木平 英一
株式会社ディーエルディー

泊 みゆき
NPO法人バイオマス産業社会ネットワーク

パネルディスカッション座長
満田 夏花　国際環境NGO FoE Japan

第2章 "里エネ"ルネサンス

第1報告

里エネ利用のルネサンス
―需要側からエネルギー問題を考える―

安村　直樹（東京大学）

　里エネルネサンスを実現するにあたって大事なことが二つある。手段と目的を混同しないこと、目的を見きわめることである。里エネ利用は手段であって目的ではない。ややもすると手段が目的化しがちなので、手段と目的を混同しないように注意すべきである。

　それでは里エネはどんな目的を達成するための手段だろうか。いわゆる木材利用促進法が木材自給率の向上を目的の一つとしているように、ややもすると供給側の都合のみで決められてしまうが、需要者への貢献が目的には欠かせない。例えば学校の木造化は感染症に罹患しにくいなどの児童生徒へのメリットがある。

　本報告では健康増進（医療費削減）に里エネを活かすことを提案したい。住宅を省エネ化して温熱環境を改善すること、薪ストーブの燃焼技術を向上させることについて、背景と詳細を述べる。

なぜ健康増進か

　日本人は幸福感を判断する際、家計の状況（所得、消費）、健康状況、家族関係を特に重視している（平成23年度国民生活選好度調査）。社会的に健康増進が求められているといえる。

　1965年度に1兆円を初めて超えた国民医療費は、2009年度に36兆円、介護費用を加えると43兆円となった。社会保障国民会議（2008）は2025年度にこの総計が85兆円になると予測している。税率5％の消費税収が年間10兆円であることを考えると、経済的・財政的にも健康増進が求められているといえる。

医療費は、国庫25％、地方12％、保険料（事業主）20％、保険料（被保険者）29％、患者14％の割合で負担する。すなわち医療費削減のメリットは多様な負担者で享受できる。埼玉県小鹿野町は1991年に健康の町宣言をする以前から健康づくりに取り組んでいる。高齢化率は県内2位であるが、75歳以上の老人医療費は58万円／年と県内で最も低く、県平均78万円より20万円少ない水準となっている。小鹿野町の後期高齢者は2,243人なので、全体で年間4億円が節約できている勘定になる。小鹿野町長はこの状況を「健康づくりは儲かる」と表現する。

健康増進と省エネ

　日本では1年間でおよそ120万人が死亡する。3大死因の死亡率を月別に見ると、悪性新生物は月別の変動がないのに対し、心疾患と脳血管疾患の死亡率は冬季に高くなっている（図－1）。この傾向は病院よりも自宅で顕著になる（羽山、2011）。心疾患や脳血管疾患の発症・死亡の危険因子の一つに高血圧がある。暖房や家屋構造の改善は血圧低下に少なからざる影響がある（島本、1994）ので、住まいは冬を旨とすべきだろう。

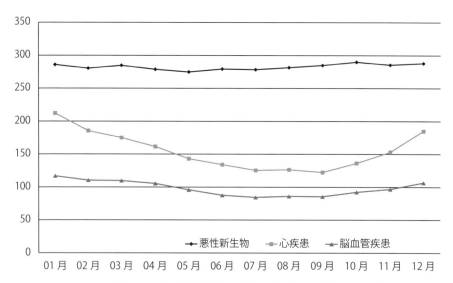

図－1　3大死因月別死亡率（人／10万人）
出典：平成23年人口動態統計

第2章　"里エネ"ルネサンス

　心疾患や脳血管疾患は寒さに起因するが、日本には北にも南にも四季がある。鹿児島5地域の調査では心疾患・脳血管疾患死亡と低気温との関連が示唆されている（泊、1991）ほか、東京都において心疾患・脳血管疾患死亡率は冬場に増加する（小野、2004）ことが明らかにされている。温暖な地域でも冬を旨とした住まいが求められる。温暖な地域ほど外気温が低くなると死亡リスクが高まる（羽山、2011）という報告もある。

　住宅の温熱環境と血圧に関しては、いくつかの知見が得られている（表－1）。ヒートショック（松本、2006）や室温の日較差が大きいこと（池田、1985）は血圧の上昇に関係する。室温21度の床暖房と室温25度の温風暖房では血圧に有意差がない（土田、2003）ことは、室温が上昇すると血圧上昇が緩和する（佐藤、1996）という事実と合わせて考えると、対流と輻射という熱の伝わり方の違いが人間の生理的反応に違いをもたらすことを示唆するもので興味深い。

　省エネリフォームは「冬は暖かく、夏は涼しい住宅にする」、「窓、壁、天井からの冷気や熱気（ほてり）を感じないようにする」、「不快な隙間風をなくす」、「部屋の上下、部屋間における温度差を小さくし、住宅内は廊下や便所も含めてどの部屋もほぼ同じ温度になるようにする」ことを目的としている。多くは血圧の上昇緩和に作用する温熱環境の条件と一致しており、省エネリフォームの推進は温熱環境の改善を通じて、健康増進に寄与しうるといえる。

　およそ5,000万戸ある既存住宅の省エネ進展度は、住宅・土地統計調査の省エネルギー設備等で知ることができる。「二重サッシ又は複層ガラスの窓がすべての窓にある住宅」、「二重サッシ又は複層ガラスの窓が一部の窓にあ

表－1　住宅の温熱環境と血圧に関する知見

場所や時間による温度差	人体周囲の温度変化（例：就寝後のトイレ）が血圧変化に影響（松本2006）
	高血圧者群の居間室温の日較差は正常者群に比べ大きい（池田1985）
室温	室温を上げることにより血圧上昇が緩和（佐藤1996）
暖房方法	室温21度の床暖房と室温25度の温風暖房の血圧に有意差なし（土田2003）

る住宅」、「なし」の3区分で見ると、すべて二重サッシもしくは複層ガラスの住宅が65%に及ぶ北海道を筆頭に、寒冷な地域ほど省エネが進んでいるが、全国の76%、38百万戸が二重サッシもしくは複層ガラスのない住宅となっている。全国には膨大な省エネ余地、すなわち健康増進の余地があるといえる。小鹿野町（4,500世帯）では、老人医療費で節約した4億円を全居室の窓改修（80万円/戸と仮定）に投資したとすると、毎年500戸の改修が可能となる。この投資はさらに医療費の節減を見込むことができる。

健康増進と薪ストーブ

薪ストーブには地球温暖化対策、森林資源有効活用、地域活性化等のメリットがあり、さらに防災グッズとしても注目を集めて、近年見直されている。普及に伴ってデメリットも顕在化しており、臭いや煤による洗濯物の汚れ・頭痛が各地で問題になり始めている。このほか粒子状物質（particulate matter、以下PM）による健康被害の拡大が懸念される。

日本でよく知られるPM排出源はディーゼルエンジンで、その対策は東京都環境局による取り組みが先進的である。新田（2010）や上田（2011）によると、PM濃度の上昇は全死亡、呼吸器系・循環器系の死亡リスクを上昇させる（表－2）。海外には高齢者、社会経済状況の低い者など高感受性集団の存在を指摘する報告がある。全国の38%、およそ54万の世帯がメイン

表－2　PMの健康への影響

短期曝露 （数時間〜 数日間）	・PM2.5濃度が $10\mu g/m^3$ 上昇すると全死亡や呼吸器系・循環器系の死亡リスクが0.数%〜数%程度増加
	・呼吸器疾患死亡とPM2.5濃度との関連性が認められる。
長期曝露 （数か月〜 数年）	・大気汚染濃度と死亡との間に有意な関連性
	・循環器疾患発症など循環器系への影響および呼吸器症状や肺機能の変化など呼吸器系への影響
高感受性 集団	・高齢者
	・基礎疾患（糖尿病、高血圧、慢性心不全、慢性閉塞性肺疾患など）を有する者
	・社会経済状況の低い者

出典：新田（2010）、上田（2011）

リビングの暖房として薪ストーブを利用しているニュージーランド（以下
NZ）では、全国で年間 1,600 人が PM の影響により早死にすると推計され
ている。日本では薪ストーブによる PM 排出量を把握できていないので、
健康への影響も今のところ不明である。

　薪利用の普及している諸国では排出規制が存在する。米国では 1985 年の
大気汚染防止法（Clean Air Act）強化をきっかけに、新しく販売される薪
ストーブに対して粒子状物質の排出基準が設けられており、PM 排出量は非
認証ストーブの 4.6 に対し、認証ストーブでは 1.4 となっている。NZ では
National Environment Standard と呼ばれる環境基準が 2005 年 9 月から設
定されている。これにより薪ストーブメーカーの技術力が向上した（安村、
2012）ほか、燃焼効率のアップにより必要燃料が減る、薪作製の手間が減
る、薪の保管場所が減る、室内排煙が減りきれいになるなど一連のメリット
も創出された。これらは薪ストーブ普及の諸問題解決にも繋がるものであ
る。

　健康被害が拡大する前に、日本でも薪ストーブの排煙対策が望まれる。現
状を知ることなしに対策を打つことはできないので、そのためにはまず薪ス
トーブが何台稼働しているのか、利用実態を把握することが求められる。

健康増進に向けた今後の課題

　住居と健康の関連についてはこれまであまり研究されてこなかった。住居
と健康の関連を示すエビデンス（客観的根拠）を集めるには大規模なコホー
ト研究（cohort study：調査集団を設定して要因と疾病との関連を明らかに
しようとする研究）が必要だが、実行の困難さも手伝って、これまでに住環
境を因子に含めた大規模コホート研究は皆無に等しい。2011 年にスタート
した環境省による「子どもの健康と環境に関する全国調査（エコチル調査）」
において住環境が含まれるかもしれないといった程度である。

　だからこそ住居と健康を一体的に捉えて、これらのデータを連係させるこ
とが、今後、健康増進に向けての課題になるだろう。保健師の訪問指導に建
築関係者（例えば大工）が同行し、住宅の構造や冷暖房の方法に関するデー
タを収集・記録することが望まれる。断熱性を把握するには大がかりな調査

が必要になるが、簡便な調査方法が提案されている。サッシの種類とガラス枚数（岩前、2009）や黒球温度（都築、2001）によって簡便に住環境を知ることができる。

里エネルネサンスに向けて

　本報告で取り上げた省エネと排煙対策は里エネ利用に直結するものではなく、里エネを利用するための環境整備という位置づけになる。供給側の都合から里エネ利用を目的にすると、需要者の信頼を勝ちとりにくくなって、持続的な活動とならない恐れが生じる。本報告では里エネを健康増進に活かすことを考えてきたが、里エネはほかにも様々な貢献ができるだろう。里エネルネサンスを実現するには、里エネはどんな貢献ができるのかを考えていくことが必要だ。

参考文献

1）社会保障国民会議（2008）医療・介護費用のシミュレーション、http://www.kantei.go.jp/singi/syakaihosyoukokuminkaigi/iryou.html

2）羽山広文（2011）住環境の変化が身体へ与える影響の実態把握：その1　全国の疾患発生と住宅の建築時期・構造解析、日本建築学会北海道支部研究報告集84：539-542

3）島本和明（1994）循環器疾患の危険因子としての高血圧、日本循環器管理研究協議会雑誌29（1）：68-73

4）泊惇（1991）脳血管疾患および心疾患死亡の季節変動：気温の影響について、日本公衆衛生雑誌38（5）：315-323

5）小野浩二（2004）東京都における死亡の季節変動、東京保健科学学会誌7（1）：35-41

6）松本真一（2006）東北地域の住宅における健康性に関わる室内環境の実態調査：その6　秋田県本荘・由利地区における高齢居住者の血圧変動の実測事例、建築学会東北支部研究報告集、計画系（69）：137-140

7）池田耕一（1985）居住環境と健康に関する調査研究：その1　室内温熱環境と高血圧症状との関連、建築学会研究報告集、計画系（56）：53-56

8）土田千秋（2003）異なる暖房方式に対する高齢者の生理的・心理的反応について、建築学会学術講演梗概集 E-2：115-116

9）佐藤篤史（1996）住宅熱環境が高齢者の血圧に及ぼす影響についての調査研究、日本生気象学会雑誌 33（2）：95-105

10）新田裕史（2010）PM2.5 の健康影響と環境基準、http://www.kankyo.metro.tokyo.jp/air/ event/pm25_2.html

11）上田佳代（2011）PM2.5 ─第 4 講　微小粒子状物質の健康影響：疫学研究の動向と日本における疫学知見、大気環境学会誌 46（2）：7

12）安村直樹（2012）薪ストーブと健康、木材情報 250：9-12

13）岩前篤（2009）住まいの高断熱化の居住者健康性に与える影響に関する研究：（その 2）第二次アンケート調査結果概要、建築学会学術講演梗概集 D-2：197-198

14）都築和代（2001）農村地域における高齢者住宅の温熱と空気環境の実態、日本生気象学会雑誌 38（1）：23-32

第2報告

これからの日本のエネルギー

河野　太郎（衆議院議員）

河野氏はシンポジウムで報告したが、本書への掲載は辞退された。

第3報告

熱利用が唯一最大の課題である

小池　浩一郎（島根大学）

熱力学的に正しい

　スウェーデンのバイオエネルギーを技術的に支えてきたベクショー大学のSaetraeus教授の表現によると、スウェーデンにおいてバイオエネルギー導入に成功をもたらしたものは熱力学的に間違ったことをしなかったこと、とのことである。ここで熱力学的に正しいというのは、エネルギーの質、熱エネルギーと電力エネルギーを峻別するということである。熱力学あるいはエントロピー概念の始まりはそもそもカルノーの『火の動力、および、この動力を発生させるに適した機関についての考察』（1824）に始まるものであり、熱エネルギーと動力（電力は動力と等価の有効比の高いエネルギーである）の基本的な質の違いの認識はエネルギー利用にあたって常に考えておかなければならないことである。

　ここで熱力学的に正しいということのエネルギー政策上の含意は、電気エネルギーでなければならない用途以外には電力を用いないということで、特に低温の熱についてはバイオマスなどを用いるほうが全体として見ると効率的であるということである。

　2,000度程度の高温熱エネルギーは物理学的には質の高いエネルギーであるが、100度以下になると質の低いエネルギーとなる。通常、暖房は28度程度で、給湯は高くとも70度以下の熱エネルギーである。冷房は70度程度の熱源があれば可能であるから、これも低温の熱エネルギーに含まれる。ヨーロッパのエネルギーの計画ではすべてについてelthと付記されており、どちらの形態で展開していくのかが明示されている。

日本の寒冷地でなぜ電力が熱需要に

　翻って日本では、電力を用いなくてもよい低温熱エネルギーの典型である暖房にも電力が用いられている。特に需要量の大きい北海道ではジュール熱（電熱器が典型）を用いる蓄熱式の機器が多用されており、エネルギー学的には極めて疑問の大きい需要形態となっている。

　2012年の初冬に経済団体が原発の再稼働を求めたことが紹介されている。その理由は北海道では暖房融雪需要が大きいため停電の危険があるとのことである。

　これについては、高齢者家庭の暖房だけでなくロードヒーティング、ルーフヒーティングや鉄道のポイントの凍結防止など重要な熱需要が列挙されているが、関東の鉄道では石油を用いた凍結防止が行われており、北海道の安易で非効率な熱需要の電力依存が際立っている。

　東日本大震災、原発事故後の東京電力の輪番停電では、気温により停電の要否が決まるなど関東でも暖房の電力依存が目立っている。東京電力ではそれまで営業の重点であったオール電化を完全にやめることとなった。暖房や給湯などを電力に頼ることが、エネルギー供給体制の脆弱化が明らかになったことで頓挫したといえよう。さらに関西電力などでも電気料金の値上げにおいて、かつて優遇されていたオール電化導入家庭での値上げ幅が大きくなり、この意味でも低温熱領域の電化はその意味を問われることとなった。

　そこで思い起こすのはスウェーデンの北部の都市シェレフトである。北緯64.7度であるが中心市街地の商店街はロードヒーティングされていた。その熱源は郊外にある市役所の子会社のシェレフトエネルギー社が燃やす木材チップである。質の高い公共サービスを維持しながらエネルギー工学的にも無理のないやり方が特に森林資源の豊富な地域には存在するのである。

まず化石燃料の代替から始まった

　1980年前後の石油危機以降、ヨーロッパではバイオマスなどの代替エネルギーの導入に取り組むこととなった。スウェーデンで地域熱供給にバイオマスを導入したのはベクショー市の石油危機への対応に端を発する。二酸化炭素による温暖化説はその是非はともかく、化石燃料をバイオマスで代替す

るという実際面での政策を変更する必要はなく、むしろ、さらに強く推し進められることとなった。

ここで石油をどのように代替するかを見てみると、それは民生部門での石油・ガスの用途を置き換えることを意味する。ヨーロッパの多くの国では一般的に灯油やガスを暖房給湯に用いているからそれを代替することが有効である。

農林業団体のエネルギー戦略

オーストリアの半公的機関である農林会議所は、1980年代に入ると停滞している食料市場のみへの依存から、社会的にニーズが高まりつつあったエネルギー市場への進出を意図するようになった。

そこで考え出されたのが「バイオマスからのエネルギー」という標語である。これに沿って、まず農家自体が消費している暖房給湯用の化石燃料を代替するためのチップボイラーの導入促進のキャンペーンを行った。また同時に、木材チップを燃料とする代替ボイラーの技術開発を関連メーカーに依頼するとともに、農業用トラクターにアタッチメントとしてつける簡易チッパーの普及も行った。これにより農家での石油に代わる地域自給的バイオマスの熱エネルギーの利用が始められた。また自治体直営ではなく、農家が出資した法人による地域熱供給が多くの村落で事業化された。もちろん燃料供給主体は出資者である農家林家である。

この農家用のボイラー技術は全く新たなものではなく、それ以前のタイル貼り暖炉の燃料の乾燥度合いと同じものをチップ化して用いるという伝統に則ったものであったため、着実に増加していった。

バイオマスからのエネルギー（1985年5月）

チェルノブイリ事故の影響

　ウクライナはそもそもハプスブルグオーストリア-ハンガリー帝国の一部であり、チェルノブイリの事故は放射能に対する好悪のレベルではなく実際に農地森林の汚染をも引き起こした。現在でもこの地域から輸入される木材には検出可能なセシウムが含まれて日本でも問題になっている。この意味でも再生可能エネルギーとしてバイオマスへの転換がオーストリアでは国民的な関心を引くようになってきた。1995年にはすでに<u>バイオマスは原発2基分のエネルギーを賄っている</u>というメッセージが農林会議所の機関紙に掲載されている。

　農林会議所の機関紙はチェルノブイリの影響について非常に高い関心を示しており、国民投票における原発運転中止についても大きな役割を果たした

オーストリアのバイオマスはすでに原発2基分を代替している
（シュタイヤーマルク農林会議所機関紙　1995年11月）

Zwentendorf原発　1978年に50.47%の反対で一度も稼働されることなく閉鎖された

とされている。

原発代替─チップボイラー産業との関係

　島根県とオーストリアのバイオマスの交流事業で新興燃焼機器メーカーの
共同経営者に指摘されたのが、原発モラトリアムの運動における農林業セク
ターの働きである。島根県への招聘メンバーの一人コーペッツ博士は当時、
長期にわたりシュタイヤーマルク農林会議所の専務理事であったが、博士が
モラトリアム運動の指導的なメンバーとしてオーストリアで著名であったこ
とを、同じくモラトリアム運動に参加していたこの共同経営者から示唆され
たのである。

　日本の原発反対の動きでは代替エネルギーの現実性を語らない傾向が強
い。オーストリアでは、農林業の基盤を守る─原発はそれを損なう─農林
資源を活用して地域振興する─そのためにバイオマス燃焼機器製造の産業
を興す、という一連の連関が機能していることを示している。

高性能なボイラーは一大輸出産業に

　そして市場の拡大とともにボイラーの技術水準も的確に向上していった。
現在では家庭用の規模のボイラーでも高度な制御システムを持っている。ま
ず、太陽熱パネルから熱エネルギーを取り入れることが、標準機能として備
えられている。また緊急時、エネルギー不足時には自由に石油ボイラーやガ
スボイラーと併用することも可能である。このシステムでは主役はむしろ蓄
熱槽であるといってよい。

　先ほどの新興燃焼機器メーカーの指導的技術者には自動車メーカーに勤務
経験がある者が多い。オーストリアは第三帝国の時代から工業的にはドイツ
南部とインテグレートされており、世界的な自動車メーカーの関連の部品メー
カーが多く、これを活用して現在ではバイオマス燃焼機器の一大産地とも
なっている。このためボイラーの制御システムも最新鋭の自動車に用いられ
る応答性、拡張性の極めて高いものが実用に供されている。これらの機器は
ドイツ語圏だけでなく英語圏の英国、アイルランドにまで輸出されるように
なった。

61

熱利用—蓄熱槽によって蓄えられる優位性

　最近のボーイング787の電池発火の事故に見るように、電力を蓄えることは技術的にも未成熟であり、コストも高止まりしている。太陽電池のシステムが夜間、曇天時には発電せず、電力を貯蔵する蓄電池のコストが太陽電池よりも高価となるため、既存の火力発電に寄生した存在となるのと比較すると、蓄熱槽を備えたチップボイラーは極めて自立的なエネルギーシステムとなっている。スマートフォンからの遠隔操作も標準機能である。

　このように、豊富に存在する低温の熱需要に対応し、かつ技術的に安定した中小規模の熱利用を推進したことがバイオエネルギーの定着に繋がっている。

無理な導入は後世に禍根

　ドイツが再生可能エネルギーの固定価格買取制度を大幅に見直さざるを得ないように、技術学的に無理のある政策は長続きしない。数千年の歴史を持つ、薪を燃やして暖をとるということから化石燃料を代替することが重要ではないだろうか。

第2章 "里エネ"ルネサンス

第4報告

葛巻町森林組合の挑戦

竹川　高行（葛巻町森林組合）

葛巻町の概要

　葛巻町（岩手県）の紹介を一言で言えば、「必ず行ってみたい町・葛巻」、「必ず一度は行かなければならない町・葛巻」、「北緯40度　ミルクとワインとクリーンエネルギーの町」と言われ、人口よりウシの数が多く、酪農と林業が基幹産業になっている。こうした中、葛巻町には再生可能エネルギーがたくさんあり、それをうまく活用している。

　本日は、木質バイオマスについて紹介させていただきたい。葛巻町の森林

上外川高原の風車

63

カラマツの紅葉

資源は国有林がほとんどないことが特徴である。そのためほとんどが民有林で、役場と森林組合と森林所有者の3者で森林業を行っている。さらに行政と議会が議論はしても決定したら一枚岩でいくという考えであるため、町政はすごく安定している。

民有林面積では人工林と天然林が約5割ずつになっており、人工林は伐ったら必ず再造林することを15年ほど前から行っており、森林管理認証、CoC認証を取得してブランド化を図っている。

広葉樹の活用

本日は特に里エネということで、広葉樹を中心に話をさせていただきたい。広葉樹林は17,100haで、そのうちナラ林が約8,600haあり、この活用に高齢者を雇用（町の高齢化率39％）することを考えている。森林組合は、職員8名と外部職員15名で、ほかに作業班員45名と、木炭・薪などを生産する12名の計80名で活動している。組合の木炭・薪の生産は65歳以上の人が担っている。

広葉樹林を活用して1979年から30年間かけて4,500haの除間伐を実施

した。それがしっかりと育って伐採されている。伐採後は、基本的には萌芽更新でナラの少ない場所にはナラの植林をしている。萌芽更新を促進させるため10月から3月までの間に伐ることを心がけている。

伐採された里山林はナラが多いため、約60％はシイタケ原木と木炭と薪に、それ以外は地元のチップ工場で製紙用チップになり、皮はバークペレットに加工してボイラーとストーブの燃料になっている。所有者から立木（ナラ材）を買取りした場合、平均で300,000円/haを支払う。その販売はチップに40％、それ以外の60％は、シイタケ原木が20％、木炭が50％、薪が30％の比率になり、売上額では約1,600,000円になり、これはほとんど作業班の雇用に使われる。いかに組合員と地域にお金を落とすことが森林を元気にするかを考えた営業に努めている。

特に、木炭は年間80トン生産しているが、この倍は注文がある。薪も道都県に100 m³ぐらい出荷する。東京の(株)永和を通じて3万人ぐらいいると思われる薪ストーブの顧客のうち3,000人ぐらいと取引しているので、まだまだ伸びていく可能性があると見ている。薪は規格を決めて販売している。このように、規格をつくりながら少しずつ量を増やしていこうと思って

薪の生産

いる。単価は買い手市場ではなく、原価に10%を加えた生産者価格なので、山にお金が戻ってくる。それによって地域が元気になり里山が元気になり、生物多様性も保っている。

今後の展望

今後、広葉樹は15年生から20年生で間伐、30年生から35年生で皆伐し、その後は萌芽更新を行っていく計画である。そして広葉樹に関係する企業等に働きかけ、「企業の森」を現在の7社から10社にし、面積を300haから500haにして、長期施業委託契約を結び、雇用の促進と環境に貢献していきたいと思っている。そのため、多くの皆さんに森林の機能等をよく理解していただく必要があり、フォレストック協会との「CO_2吸収量クレジット売買契約」などを通じて企業にPRしていく予定である。

また、キッザニア東京にキッザニアの森というブースをつくっており、年間90万人の子どもたちが訪れている。「木を伐ることは悪ではない」こと、そして計画的に木を伐って使うことが森を元気にすることを、子どもたちと親に伝えるために、葛巻町からナラの枝を毎月600本無償で届けている。そ

アウトオブキッザニアを葛巻町で開催

の枝は伐採した木からとっているので、有効活用にもなっている。こうした
きっかけを通じて、東京の子どもたちに葛巻町に来ていただきリアルな体験
をしてもらうアウトオブキッザニアを行い、2年目には第1回活樹祭を開催
した。今後も継続して行うことで国民にPRできると思っている。

　このように森林に人が入ることで山が生きて、森を元気にして雇用を促進
して地域を活性化させていきたいと考えているので、今後も葛巻町の森を全
国に発信していきたいと思っている。

第5報告

身近な森林を身近なエネルギーに
―薪の宅配サービス―

木平　英一（株式会社ディーエルディー）

　身近な森林をエネルギーとして利用するために必要なものは何か？　森林を薪として利用し普及していくための課題は、流通の仕組みではなかろうか？　ディーエルディー（以下、DLD）は、長野県に本社がある薪ストーブの販売会社であるが、2007年から薪の宅配サービスを実施し、薪の普及に取り組んでいる。本報告では、薪の宅配サービスの内容を紹介したうえで、森林・林業、地域経済への波及効果について述べる。

薪を積んで半年間程度乾燥

長野県伊那市のDLD本社、薪の露天乾燥の様子

68

薪の宅配サービスの仕組み

　薪用の原木は、地域の森林事業者（森林組合、NPO等）から購入している。DLDのストックヤードへの持ち込みで6,000円/m^3と、安定した価格で購入している。樹種、長さ、曲がりの有無をあまり問わずに受け入れており、地域の林業事業者にとって、有効な原木の受入先になっている。樹種を問わず受け入れているが、実際に持ち込まれるのは、アカマツ、カラマツの間伐材がほとんどである。

　持ち込まれた原木は、薪の長さ（標準で45cm）に玉切りし、薪割り機で割って薪をつくる。必要な機械は、チェーンソーと薪割り機だけであり、個人で薪をつくる方法と大きな違いはない。つくったばかりの薪は、重量の半分程度が水の場合があり、薪は乾燥させないと燃料とならない。日当たりと風通しを考慮して列状に薪を積んで、半年程度乾燥させる。

　乾燥した薪は、11月から4月の薪シーズンに、顧客宅に配達される。顧客宅には専用の薪ラックが設置されており、30束（0.6m^3）の薪が入る。薪

専用のラックを設置　↑

↓　1週間間隔で巡回

薪の宅配サービスの仕組み

ストーブを毎日使用した場合、この30束でおよそ10日分の燃料となる。薪がなくならないうちに軽トラックで定期的に薪を補充するのが、薪の宅配サービスである。利用者から見ると、乾燥してすぐに使える薪が宅配されるので便利である。また、1年分の薪を保管するには大きな薪置き場が必要になるが、小さなラックを設置するだけでよいので、省スペースというメリットもある。

　配達時には、補充した薪の量を計測し伝票を入れ、顧客宅が留守でも薪補充を行う。専用のラックには目盛りがついているので、この目盛りで薪の量を計測する。薪の代金は、月ごとに伝票を集計し、請求書を発行して口座振替で支払っていただく。請求・支払の仕組みは、電気やガスなどの化石燃料とほぼ同じである。

薪宅配で薪を普通の燃料に

　これまで薪は70cmの針金で束ねたものを1束として販売されてきた。しかし、この薪を束ねるのには、手間と人件費がかかる。宅配によってこの束ねる作業を省略することができるので、宅配してもコスト的には削減することができる。薪を束ねるのは、持ち運びに便利という意味と、1束という量を計測する意味がある。顧客宅まで配達してしまえば持ち運びは不要であるし、薪の量は専用の薪ラックで測定することで薪を束ねる必要がない。

　2007年度に顧客数46軒で開始した薪宅配サービスは、2012年度には顧客数950軒に達し、順調に推移している。2011年度1年間の薪の販売数量は、およそ15万束である。薪15万束とは、乾燥重量で1,000トン、原木の量で2,200m^3。薪を1mの高さに積むとおよそ7kmの長さになるというと、その量が想像できるであろう。

　これまでも、薪を顧客に配達するサービスは、多くの薪事業者が行ってきた。大きなトラックで薪を1年分まとめて配達する通常の薪配達と薪の宅配サービスにはどのような違いがあるのであろうか？　薪を届けるという意味では、同じサービスであるが、実は大きな違いがある。まず、宅配サービスでは、薪を使用した分だけ随時補給しているので、安定供給である。反対にいえば、販売者（DLD）が安定供給の責任を負っているわけである。安定

供給という点は、燃料として必要不可欠な条件である。また、すぐ使うので、乾燥しているという品質を販売者が管理している。価格も1束250円（年間の薪代が7〜8万円）で、単位発熱量で比較した場合、80円/ℓの灯油と同じ価格である。燃料として誰でも使えるためには、安価な価格は最も必要な条件である。そのほか、先に述べたように薪小屋が不要という利便性や、口座振替で月々支払う払いやすさなど、薪の宅配には大きなメリットがある。便利さを徹底的に追求するという気はないが、灯油やガスとある程度近いサービスになっている。つまり、薪の宅配サービスには、燃料として灯油等の化石燃料に対抗しようという視点がある。

薪宅配サービスの拡大戦略

　薪もエネルギー産業なので規模の拡大が効率化のカギである。しかし、薪は生産設備を必要としないため、1か所で大量に薪を生産する必要がない。むしろ、小さな生産拠点を各地に創り、生産拠点の数を増やしていくことによって規模の拡大と効率化を目指している。各地に薪生産拠点を創ることによって、どの山から出た原木も近くの薪生産現場に持ち込めるため、運材経費を節減できる。また、どの薪顧客に対しても近くの薪生産現場を拠点に配達することができるため、薪配達も効率化できる。薪は、単価が安く、重くてかさばるので、できるだけ運搬経費を削減することが重要であり、そのために地域ごとに薪生産拠点を創っていく戦略である。現在、長野県、山梨県に10か所の薪生産拠点が薪宅配の基地として稼働しており、2013年4月から長野県東御市に新しい生産拠点を開設予定など、毎年生産拠点を増やしていく計画である。最終的には、各市町村単位で薪生産拠点を創っていくのを目標としている。いわば、地域ごとに薪の地産地消の仕組みを創り、薪宅配サービスの規模拡大と効率化を図っていくわけである。

森林にプラスになるような薪利用

　薪宅配サービスで届けているのは、針葉樹の間伐材の薪である。薪は広葉樹、特にナラの薪が良いとされており、広く薪ストーブ利用者に広まっている。確かに、ナラは密度が高くて乾燥しても重いので火持ちが良く、薪に適

しているが、最近の薪ストーブは空気の量で燃焼をコントロールするので燃料を選ばない。木質ならば、針葉樹でも広葉樹でも利用できるし、さらに剪定枝、製材端材も薪として利用できる。身近な材料を利用できるのが薪の良さなのだが、"広葉樹信仰"の前に針葉樹の薪利用が進まない。

　一方、森林・林業サイドから見れば、人工林の間伐促進は緊急の課題であり、さらに間伐された針葉樹の利用が大きな課題になっている。"広葉樹信仰"によって、薪ストーブ利用者と森林・林業がうまく結びついていないのである。何とかして針葉樹の薪を普及したいし、そうすれば薪利用者、森林・林業者の両者にメリットがあるはずである。そこで、一工夫必要だと思い、開始したのが薪の宅配サービスである。人気のない針葉樹の薪は買いに来てくれないので、届けてしまおうというわけである。最初は針葉樹の薪は……と思っていた人も多かったと思うが、実際に使用してみると広葉樹とそんなに遜色なく使えるし、着火が容易など反対に使いやすい点もある。何より宅配で便利に使えるので、多くの方が針葉樹、広葉樹にこだわらなくなったというのが本当のところであろう。最初は、何で広葉樹の薪宅配をやらないのかとよく言われたが、森林にプラスになるよう DLD が宅配するのは針葉樹の薪だけなのである。

薪ストーブと薪の普及の現状

　近年普及している薪ストーブは、2次燃焼の仕組みを採用しており、排気がクリーンで熱効率が高い。価格は本体と煙突、設置費込みで 100 万円程度であるが、新築住宅を中心に普及が進んできている。DLD 本社がある長野県伊那市周辺では、新築住宅のおよそ 20％程度に薪ストーブが導入されている。薪ストーブに関する統計データが不足しているため、どの程度普及しているかはっきりしないのが現状だが、長野県が実施したアンケート調査によると、薪ストーブの使用率は 4.2％、長野県全体で約 3 万台の薪ストーブが使用されていると推計されている。長野県では、ペレットストーブも普及先進地であるが、設置台数は薪ストーブの 10 分の 1 程度と推定される。

　薪についても同様に長野県がアンケート調査を実施し、薪ストーブ 1 台当たり、年間の薪使用量を 9 m³（原木換算で 6 m³）と推定している。薪スト

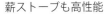

薪ストーブも高性能

２次燃焼装置で、高効率。排気もクリーン
薪ストーブ１台で、家全体の暖房が可能
↓
暖房のエネルギーをすべてバイオマスに変換

意外とハイテクな最近の薪ストーブ

ーブを主暖房として利用している人が多く、しかも寒い長野県での使用量なので、全国平均よりもかなり多いと思われる。３万台のストーブが年間６ m^3 の原木を薪として利用していると考えると、長野県の薪の需要量は年間１８万 m^3 となる。しかも薪は毎年必要になるので、安定した木材需要として期待される。

バイオマス燃料としての薪の利点

　薪の利点は、まず原料がどこでも入手可能な点である。また、薪は生産・販売に大規模な設備を必要としない。したがって、薪は全国どこでも取り組める自然エネルギーなのである。だから、地域の実情に応じて、最適な薪供給・流通の仕組みを考えればよい。長野県は、日本の中では薪ストーブが最も普及した地域であり、薪利用者が多いので宅配という仕組みが成立する。顧客の密度が低いと、定期的に薪を補給する宅配の仕組みは効率が悪くなっ

てしまう。このように、薪ストーブの普及状況に応じて最適な薪生産・流通の仕組みがあると考えられる。ただし、薪ストーブなど薪の利用機器の普及がある程度進まないと、当然ながら薪供給の仕組みもできない。

エネルギーを生産するのにエネルギーをあまり必要としないのも、薪の利点である。薪は、原木を伐って割って天日で乾燥させたものである。原料をあまり加工せずに利用するので、薪生産に必要なエネルギーが少ない。また、チェーンソーで伐って、薪割り機で割って、乾燥させるために薪を積むすべてが手作業である。機械化されていない非効率な生産方法という見方もあると思うが、人力も立派な自然エネルギーである。

薪の地域への波及効果

薪の宅配サービスは、企業がビジネスとして行っているものだが、利潤だけを追求しているわけではない。地域への波及効果は大きく、経済と地域振興の両立を目指した取り組みだと思っている。薪の宅配サービスは、エネルギーを地産地消する仕組みであり、それは地域の資源と労働力をお金に変えていく。そのお金は地域に再び循環し、地域の消費と雇用に繋がっていく。石油・ガスなど地域に資源がないエネルギーとの大きな違いは、実はこの地域にお金が再循環する点にある。薪を宅配するまで、山で木を伐って搬出する仕事、薪をつくる仕事、薪を配達する仕事、すべてが地域の仕事になっているのである。現在、薪づくりの仕事は様々な形で行っているが、施設に委託しているところが3か所ある。薪づくりは、比較的単純な作業の繰り返しであり、技術は必要としないものの根気がいる作業で、様々な障害を持った方の仕事にもなっている。

薪の宅配サービスを開始して6シーズンになるが、多くの方々の協力があってそれなりの形になってきた。手間のかかる薪宅配は、ビジネスとしては厳しいのが現状であり、薪づくり、薪配達などの仕事に決して高い給料は払えない。しかし、薪宅配に関わる"仲間"ができたのは、やはり身近な森林・木材を利用することに共感してもらったからだと思っている。言い換えれば、薪宅配は、やりがいのある、楽しい仕事だから成り立つのである。

第2章 "里エネ"ルネサンス

第6報告

再生可能エネルギー電力固定価格買取制度（FIT）が森林経営に及ぼす影響

泊　みゆき（NPO 法人バイオマス産業社会ネットワーク）

再生可能エネルギー電力固定価格買取制度の開始

　2012 年 7 月、日本でも再生可能エネルギー電力固定価格買取制度（FIT）が始まった。2012 年度のバイオマス発電の調達区分・調達価格（買取価格）・調達期間は、表－1 のとおりである。

　今回の制度では、

① 石炭混焼発電も FIT の買取対象となり、かつ価格も同じ（ドイツでは 2 万 kW 以上の大規模バイオマス発電は買取対象外）。

② 既存施設も対象に含まれる（補助金分を控除、稼働年数は差し引く）。

③ 認定要件に「使用するバイオマス燃料について、その利用により、当該バイオマス燃料を活用している既存産業等への著しい影響がないものであること」が含まれる。違反には認定取り消しもありうる。

④ バイオマスを利用して発電を行う場合には、当該バイオマスの出所を示す

表－1　バイオマス発電の調達区分・調達価格（税込み）・調達期間

調達区分	メタン発酵ガス化発電	未利用木材燃焼発電（※1）	一般木材等燃焼発電（※2）	廃棄物（木質以外）燃焼発電（※3）	リサイクル木材燃焼発電（※4）
調達価格	40.95 円/kWh	33.6 円/kWh	25.2 円/kWh	17.85 円/kWh	13.65 円/kWh
調達期間	20 年間	20 年間	20 年間	20 年間	20 年間

（※1）間伐材や主伐材であって、後述する設備認定において未利用であることが確認できたものに由来するバイオマスを燃焼させる発電
（※2）未利用木材およびリサイクル木材以外の木材（製材端材や輸入木材）並びにパーム椰子殻、稲わら・もみ殻に由来するバイオマスを燃焼させる発電
（※3）一般廃棄物、下水汚泥、食品廃棄物、RDF、RPF、黒液等の廃棄物由来のバイオマスを燃焼させる発電
（※4）建設廃材に由来するバイオマスを燃焼させる発電
（出典：資源エネルギー庁 HP [1]）

書類として、利用するバイオマスの種類ごとに、それぞれの年間の利用予定数量、予定購入価格、調達先等の燃料調達計画書を添付する。

⑤規模別の価格設定については、今後データがさらに集まれば、検討する。

また、バイオマス発電に関して、林野庁は「発電利用に供する木質バイオマスの確認のためのガイドライン」を策定した[2]。主な内容は以下のとおりである。

①木質バイオマスについては、間伐材や建設リサイクル材など、複数の調達区分が適用されることから、その種類や既存用途への影響を判断するため、ガイドラインによる証明書を添付する。確認ができない場合には、リサイクル木材の価格を適用する。

②33.6 円 /kWh の買取価格となった未利用木材は、間伐材（材積に係る伐採率が 35％以下。除伐を含む）、森林経営計画対象林、保安林等、公有林野等官行造林地施業計画の対象森林からの木材であり、つまり主伐を含む森林由来の木質バイオマスがほぼすべて対象となる。

③一般木質バイオマスは、製材等残材、それ以外の木材で、由来の証明が可能なものとする。輸入材の証明は合法性ガイドラインに準じる。作物残さは一般木材と同等に扱う、間伐材の製材廃材は一般木材。

④異なる区分のバイオマスを混焼する場合、月 1 回算定する。

この中では特に、林地残材などの「未利用木材」が 1kWh 当たり 33.6 円と高い買取価格がつき、林業関係者はわいた。林野庁の資料では 5,000kW 規模のバイオマス発電の整備により、約 12 億円の電力販売収入、燃料購入費に 7 ～ 9 億円、発電所運営および原料供給で 50 人以上の雇用を生むとしている[3]。

この FIT 制度の開始を受けて、全国で 40 ～ 50 程度の木質バイオマス発電の計画が検討されている。

今回の制度の問題点

今回の制度での問題点としては、以下のようなものがあげられる。

①規模別となっていない：バイオマス発電、特に直接燃焼では規模の経済が

働き、規模によってコストが大きく変わる。しかし、今年度においては、調達区分による違いしかなく、例えば石炭混焼のように明らかに発電コストが違う場合でも、同じ買取価格となった。

②熱利用への配慮がない：発電単独だと、最も高い石炭混焼で40％程度、木質バイオマス発電では10～30％程度の発電効率である。コジェネレーション（熱電併給）であれば、これが60～80％の総合効率になる。限りあるバイオマス資源の有効活用の観点や、経済性を引き上げるためにも、コジェネレーションに誘導する制度とすべきであろう。ドイツなどでは、そのような制度となっている。

そもそもバイオマスは、薬用・食用・マテリアル利用・飼料・肥料・エネルギー利用と多様な利用が可能だが、エネルギー利用はその中で最も価値が低い利用である。木質バイオマス、特に未利用木材のエネルギー利用では、小規模でも高い効率で利用でき、経済性も確保できるボイラーなど熱利用に優先順位をおくべきである。バイオマス発電は、特に直接燃焼においては規模の経済が働く。熱利用を行わない発電のみの施設の場合、少なくとも5,000kW以上の規模でないと成立しにくい。この5,000kW規模の木質バイオマス発電では10万m³程度（未利用木材の場合、含水率が高く体積当たりの熱量が建設廃材などに比べ低いため、より多くの資源が必要とされる）が必要であるが、未利用木材を経済的に収集できる範囲とされる30～60km圏内で、この量の調達を毎年、安定的に一定価格以下で確保することは簡単ではない。この量は、間伐なら2,000haの面積にあたる。

国内の再生可能エネルギー源を俯瞰すると、800万トンに上る未利用木材は、もっともまとまった資源であり、注目されている。しかし、そもそも林地残材などの未利用木材は、基本的にバイオマス発電に向かない資源なのである。未利用木材には、安定的に収集するルートが未整備であり、それを開拓しなければならない。バイオマス発電には、乾燥しており、まとまった量で安価に調達可能な建設廃材や製材廃材といった廃棄物系バイオマスが向いている。

未利用木材（今回の制度では実質的には、「森林由来バイオマス」）を無理に大量収集しようとすると林地残材ではなく、皆伐された木材や輸入バイオ

宮崎森林発電

宮崎森林発電の燃料となる未利用木材

写真提供：NPO法人バイオマス産業社会ネットワーク

マスが使われる恐れがある。そのためにも、伐採届などガイドラインの遵守が重要になるが、抜け道もある。また、資源の有効活用の観点から、コジェネレーションを優遇すべきである。

バイオマス発電施設を計画する際には、稼働期間中を通して調達可能な量を基準に、バイオマス発電の規模を設定すべきであり、そうすると小規模のコジェネレーションが現実的となる。その場合は、熱利用がカギとなるので、熱需要のある場所に設置する視点も必要になる。

地域の実情に合った木質バイオマス利用を

未利用木材の利用であれば、地域の熱需要を調査し、重油・灯油ボイラーの代替としてバイオマスボイラーを導入するほうが、大規模な木質バイオマス発電よりもはるかに容易でありリスクも少ない。ただし、ボイラー利用にもまだ様々な課題があり、注意しながら導入する必要がある。例えば、ボイラー利用の際のバイオマスの形態には、丸太、薪、ブリケット、チップ、ペレットと様々な種類があり、それぞれ長所短所があるため、ケースバイケースで適合するものを選択すべきである。

またバイオマスボイラーは、ランニングコストは比較的安くできるが、イ

ニシャルコストが重油ボイラーに比べて数倍〜10倍と高価であるので、できるだけ稼働率を高くすることが肝要である。温泉施設など年間を通じて24時間、需要があるところが最も適している。需要の波は、化石燃料ボイラーと併用すると採算をとりやすい。冷房もできるバイオマスボイラーも出現している。空調は年間10か月の需要があり、公共施設などでの導入も増えつつある。その他木質ボイラー導入のポイントについては、森のエネルギー研究所が作成した木質ボイラー導入指針が参考になろう[4]。

　未利用木材を主要な燃料とする大規模なバイオマス発電事業は、実際に計画を立案してみると様々な困難があることが判明したため、保留にしたり見送ったりする地域も出始めている。計画を進めている地域の中には、長野県の塩尻市のように製材工場の新設とセットにするなど、製材廃材との組み合わせによる事業を検討しているところもある。

　以上見てきたように、未利用木材に頼った大規模バイオマス発電施設に固執せず、地域の実情に合ったバイオマス利用を図っていくことが重要であろう。

参考文献

1）資源エネルギー庁 Web サイト

　（URL:http://www.enecho.meti.go.jp/saiene/kaitori/index.html）

2）林野庁 Web サイト

　（URL:http://www.rinya.maff.go.jp/j/riyou/biomass/hatudenriyou_guideline.html）

3）木質バイオマス発電・証明ガイドライン Q&A　p.1

　（URL:http://www.rinya.maff.go.jp/j/riyou/biomass/pdf/hatudenriyougaidorainqa.pdf）

4）株式会社森のエネルギー研究所 Web サイト

　（URL:http://www.mori-energy.jp/pdf/lca_boilershishin.pdf）

パネルディスカッション

座長（満田夏花・国際環境 NGO FoE Japan）：今日は大変盛りだくさんな報告で、本当に大きなテーマだが、ぜひ皆さんも討論に加わっていただき、木質バイオマスを中心とする里エネの生産と消費システムについて伺いたい。

FoE Japan は、以前は「地球の友」と言い、Friends of the Earth という国際的な環境団体で、世界 77 か国にメンバー団体がある。私自身は、3.11 の前は、泊さんたちと一緒に持続可能なバイオマスとか、途上国の開発・環境問題などに取り組んできた。3.11 後は、原発問題や福島支援などを行っていて、この 1 年半ほどは少し遠ざかっていたが、今日は再びこの議論に参加させていただきたい。

この里エネというものを私たちは、地産地消の小規模分散型のエネルギーとして幅広く提起し、再生可能な小水力・風力・太陽熱・太陽光なども含め、地元で回すことができるエネルギーと考えたい。

今までの日本のエネルギー政策は、例えば原発などに象徴されるように、大規模集中で、地方都市型だったと思う。その価値観を転換して、里エネのような小規模なエネルギーを日本の中でどのように活かしていくかが、今後問われていく。

これから議論に入るが、まずは、改めて里エネ、あるいはバイオマスエネルギーというものを、どうやって私たちはチョイスしていくのか、その目的は何か、というこ

とについて、パネリストの皆さんから、一言ずついただきたい。

なぜ里エネを利用するのか

安村直樹：里エネの利用の意義ということだが、やはり健康だと思う。といっても、最終的には地域の自立があり、自立を確立していくためには、使い手、買い手が良しとする健康の部分も注目していったほうが、急がば回れで、実は近道ではないか。それが里エネ利用の意義ということになる。

小池浩一郎：地域資源の活用ということだが、スウェーデンのベクショー市の市役所に「バイオマスを導入してどうだったのか」と聞いたら、「少し石油より高くても選ぼうと思った」と。なぜなら、石油の場合は、地域の所得から見れば、タンクローリーの運転手の人件費くらいしか出ず、後のお金は、全部どこかにいってしまう。しかしバイオマスの場合は、90％以上が地域の木を伐る人、運ぶ人、チップにする人、その他多くの人の所得となる。熱量当たりの輸送コストは、石油よりもバイオマスのほうがはるかに高いが、より大きな付加価値を意味するから導入したと。地域産のものを地域で買えば、お金も回る。活性化の観点からは、しがみついてでも地域のバイオマスを使ってほしい。

竹川高行：今まで「水と空気はタダ」という概念を国民は持っていたが、そろそろ

「水と空気はタダではない」という考え方に変わってほしい。水・空気を生み出す森の里山をしっかりと守らなければすべてダメになる。その地域は活性化せず、山を守る人がいなくなる。そうなれば、自然に水と空気があると思っているのが間違いだと気づくだろう。

豊かな森というのは、人が伐って手入れをする、これが普通の豊かな森だと、私は定義づけている。今は森であれば、ただ緑であればよいという見方もあるが、中山間地を助けるという意味でも、木を使っていただきたい。

木平英一：皆さんの報告をお聞きして感じたことは、とりあえずバイオマスの目的や、今やるべきこととして、熱利用を進めようという意味では、皆さんの意見は一致していると感じた。安村さんの話は、熱利用を進めるのは手段であり、目的ではないということだが、私もそう思う。地域の自立、中山間地の活性化が最終的な目的で、そのための重要なツールがバイオマスであると感じた。

泊みゆき：日本のバイオマス利用で一番重要なのは、経済的持続可能性。そこで暮らしていけるということが大事で、先ほど自伐林家の紹介をしたが、何百万円かの収入があると、都会で会社に勤めている息子が帰ってくる。あるいは20歳くらいの孫も都会で就職するのは大変だから、何百万円稼げるのであれば、おじいちゃんと一緒に山に入り林業をやるようになる。そうやって暮らしていけるだけの収入を、里エネの中でどう創っていくか。例えば年収が

200～300万円でも、食物やエネルギーが自給できるから暮らしていけるということなどを含め、どうやって人が暮らしながら、持続可能な地域を創っていくかが重要。里エネが魅力的だから、例えば都会の人も来たり、移住したりという関係ができると思う。

エネルギー政策の中の量的位置づけ

座長：基本的な問題提起だが、例えば河野さんは、国全体でエネルギー政策を進める中で、再生可能エネルギーの導入と省エネによって、2050年までにエネルギーの半分を再生可能エネルギーで賄うようにするという案を示された。マクロの部分で見た時、里エネは量的にはかなり小さいものだと思う。国全体のエネルギー政策の位置づけに関して、どう考えるか。

小池：森林系のバイオマスの量については、ほとんど過小評価だと思う。森林資源の成長量は決まった量ではなく、使い方によってどんどん増える。実際にスウェーデンなどでは、森林利用が進むとha当たりの年間の成長量が増えていく。今、日本では広葉樹林がほとんど利用されていないように見えるが、島根県では針葉樹林よりも広葉樹林の伐採面積のほうが大きく、パルプ会社に納入されている。広葉樹を80年も90年も放っておくと再生しなくなるが、50年生の木を伐れば、森林の成長量が一番良い時期なので、資源の利用可能量は増えていく。そういう点で、ほとんどの木質バイオマスの利用見通しというのは、今は森林利用が低調で、成長量が落ちているこ

とを前提にしているので、地域の森林のポテンシャルはもっとあると考えたほうがよいと思う。

泊：9月6日に政府が「バイオマス事業化戦略」を発表したが、「2020年の電力の5％をバイオマス電力で賄うのが目標だ」という誤報が流れた。政府が閣議決定した中には、それは入っていないはず。日本の発電の5％というのはかなりすごい量なので、日本で今使えるといわれているバイオマスのポテンシャルを、もし発電に全部置き換えたらそれくらいになるという数字。先ほどから言っているように、発電にするとバイオマスはあまり効率よく使えず、小池さんもおっしゃったように、伐り方の問題でもかなり増減すると思う。後は、利用効率の問題でかなり変わる。電気に変えると、熱を相当捨てて、送電所を経て、実際に使えるエネルギーの量は、かなり少なくなる。それを、その場所で熱として効率よく使うと、同じ量の資源でも2倍、3倍くらい使えると考えられる。経済産業省の資料に、「現時点での日本のエネルギーの6％くらいをバイオマスで賄える」というポテンシャルの数字が出ているが、もう少し増やせるのではないかと思うし、効率で変わることもある。

経済的に成り立つ経営か

座長：会場からのご質問やご意見があればどうぞ。

フロアA：木平さんに質問。「経済的な持続可能性が重要だ」という話があったが、木平さんの話では正社員の方はほとん

どいないということだった。4,000～5,000万円の売上げで利益は1,300万円くらいしか残らず、持続可能な経営は成り立たないのでは、というのが泊さんの意見だったが、ご意見を。

木平：企業秘密だが、だいたい計算は合っている。現場で働いている方の給料はもちろん出る。正社員はゼロではなくて、私と事務と、地域ごとにマネージャーが2人いる。後は季節労働等のアルバイトが40名くらい。それでも今の収支では正直厳しい。しかし2～3年前はもっと厳しく、年々解決している。毎年販売量が増えるが人は増やしていないので少しずつ改善している。ただ、目標まではまだ届いていないのが現実。

泊：DLDさんは優秀。DLDさんはぜひこれを軌道に乗せて、都会でも広がるようなビジネスモデルを創ってほしい。チェーンでもフランチャイズでもいい、ビジネスのライセンスでもいいし、御社にとってもメリットのある形で広げていけるよう応援している。

竹川：薪単体で、燃料仕入れをやっていては経済的に合わない。立木から買ってシイタケ原木をとり、余りで木炭を焼き、木炭を焼いて乾いたものを薪にするという三角関係で初めて経済的に合う。

フロアB：DLDが非常に面白いのは、副業的なことをビジネスやシステムにしているところ。農山村で新しく専業的なものを創るのは非常に難しい。薪の商売だけを専業にしようとすると、私たちが滋賀県で調査をしても、かなり苦しい感じ。副業も

できるシステムが農山村に根づくことは、エネルギー確保においても非常に重要だと思う。

木平：確かに専業でしっかり儲かるような状態にはなりにくいのが現実だろう。薪の配達は農家の方が多い。軽トラックを持っていて夏場は農業、冬場は薪の配達というように。後は、主婦業をやりながら薪を配達する方もいる。薪の配達は、自分のペースででき、結果として副業的な仕事になっている。

フロアC：「薪の宅配サービスの推移」を見ると、年々多くなっている。どういう理由で増えたのか。誰が、どうやって集めたのか。

木平：営業しても要らない人は要らないし、要る人は要る。あまり営業するものではないというのが私たちのポリシー。なぜ増えたかというと、ストーブの増加が、一番大きな理由だと思う。

原木は、今のところ6,000円/m³、DLD土場価格という形で安定した価格で買っている。それ以上でも、それ以下でも買わないという方針。山の方が工夫して持ってきてくれる。

里エネを広める際の課題

座長：今後、里エネを広めていくための課題について、パネリストの方のお考えを伺いたい。

泊：なぜ日本ではバイオマスが進まないのか。オーストリアやドイツとの違いは、業者だと思う。例えば、オーストリアなどで農業をやっている方が「ハウス暖房の重油代が高いからどうにかならないか」と思った時、業者に「このバイオマスボイラーを入れたらどうなるか」と聞けば、見積もりを持って「イニシャルがこうなって、補助金がこれだけ出て、何年でペイする」ということを出してくれて、じゃあ入れようということになる。日本ではどこに頼めばそれが入るのかもよくわからない。最近、少しずつ地域によっては出始めているが。

思うに、日本のバイオマス政策というのは、ずっと空中戦を飛び回っていて、相変わらず農村のバイオマスには電気しかなくて、熱がない。実際に使う人がどうやって使えるかをもっと狙っていければと思う。

小池：ご指摘にあったように、フルタイムの給料を払えるような、企業家精神というか、午前中に紹介したオーストリアの農業・林業家ミッションのように、企業的なイニシアティブというか、企業家精神がないとダメだということ。林業を見ていても、農家だけれど、3,500万円の機械を買い、農閑期にトラックに載せたチッパーで、チッピング作業をやっている。冬はそちらのほうが本業になっている。3,500万円の借金をしたけれども、相当の稼ぎがある。

オーストリアの伐採作業を見ると、兄弟とか親戚2〜3人でやっている。仕事がなくなってくると兄弟2人、忙しくなると親戚を呼んでやる。結局1日に主伐で100m³、間伐で50m³生産するから、1年に数千m³の材を出す。やはり機械は最低でも5,000万円くらいしている。たぶん銀行から借金をしていると思う。高い機械を

買ってきちんとやるということでは、違いがあると思う。日本ではやり方がわからないからやっていないだけだと思う。

それから、業者の問題では、バイオマスで熱利用を進めたいと思ったら、水道とかガス屋さんがカギ。例えば、ガス湯沸かし器を購入する場合、近所のガス屋さんに頼んだら、2～3日で持ってきてつけてくれる。バイオマスではそれがない。それは何とかしなければいけない。電話をかけたらボイラーを設置してくれる、そういう人が増えていくことが、広がっていくことだと思う。

安村：健康という意味では医者、公衆衛生、医学の分野で大規模コホート研究というものがあり、有名なところでは九州大学の「久山町研究」がある。1961年から始めて8,000人くらい、全員分の食生活を記録し、亡くなった方は、全員解剖して死因を特定するということを、50年間ずっと続けている。たぶん一番長い大規模コホートといわれる公衆衛生の分野の調査だと思う。それ以外にも日本のいろいろなところで生活習慣と病気との関係をデータ収集しているものがある。しかし、残念ながら公衆衛生の方たちが取得しているデータの中に、住環境だとか住宅構造はないらしい。

ただ2011年から、環境省が主導して始めたエコチルという調査がある。環境要因が子どもたちの成長・発達にどのような影響を与えるのかを明らかにする調査で、正式名称は「子どもの健康と環境に関する全国調査」といい、妊婦さんの時から状況を把握して、生まれた子どもが13歳になるまでデータを集積する。住環境とか、食生活などのアレルギーとの関係を調べる調査が始まっていて、その中で住環境が調査項目に入るかもしれないということだった。

地域で住宅のデータを集めると、薪を売りたい人のためにもなるし、大工さんのためにもなるし、医療関係者の方々のためにもなるので、木材関係者だけではなく、町の中でいろいろな人を集めて、一緒にデータをとって活用していくことができる。現状把握が、実は里エネの普及には大事で、ボディブローのように効いてくるのではないか。

大きな投資と小さな投資

座長：いろいろな意見が出た。特に私が感じたのは、利用者側のニーズはどうかということで、私自身都会に住んでいて、薪ストーブは、およそ縁遠い話。ではどうやって里エネに関わることができるのかというと、いろいろな観点があると思う。

フロア D：森林の再生とか、整備、林業に興味があり、泊さんに質問。「土佐の森・救援隊」の中嶋さんのお話では、持続可能な自伐林家は可能だということ。一方、小池さんの話では、高性能林業機械を入れて、3人くらいで1日50m³くらい、中嶋さんの場合は、1日2m³/人くらいの換算だと思うが、実際に見られて、そのあたりはいかがか。

泊：現状を見ると、高性能林業機械を森林組合とかが入れていて、それに振り回されている印象がある。高性能林業機械は1セットで1億円もかかり、補助金も入って

はいるが、減価償却のために、材をこれだけ出さなければというノルマになって、それが今の材価崩落の一因になっているという面もあると思う。

　私もオーストリアに行ったことがあるが、先ほど小池さんがおっしゃったとおり、オーストリアは10年、20年先を行っている。日本も20年くらい先になったら、そういうケースもあるのかもしれない。もちろん今でもできるのならやってもいいと思う。ただ、今いきなり何千万円もする機械を数人のチームで入れるのは、リスクも高い。それよりは、「土佐の森・救援隊」でやっているような、20万円とか40万円の軽架線を入れて、少ないなりにも材を出していくのも一つのやり方だと思う。私がお勧めするところでは、小さいところから始めたほうがいいという感じはある。

葛巻町森林組合の経営方針

　フロアE：竹川さんに質問。今、間伐補助金制度の見直しがあって、40年生の木が間伐の名の下に、どんどん市場に供給され、価格が暴落している。また低コストで市場に大量の材を供給する政策も進められているが、この二つについて葛巻町森林組合の例を具体的にご教示いただければ。

　竹川：森林経営計画は、作成途中だ。材を出すのは、木材価格が低いので大変。今は震災でA材、B材も、さらにC材もほとんど動かない。東京都には間伐材の紙を使っている企業が1,000社ほどあり、三菱製紙が間伐材の紙製品をつくり、企業が1m³当たり約8,000円の間伐費用を負担し

ている。葛巻町森林組合は、その三菱製紙と約定契約を結んでいる。木材価格が1m³当たり4,000円から5,000円でも経済的に合う。その商品では、トレーサビリティをきちんとやっている。地元であまり運賃をかけないシステムを構築することが大切。地域の中で製品ができて、それを売るシステムにしなければ、なかなか経済的に合わないと思う。

　列状間伐でいくら高性能林業機械を入れても、原価償却のためには量をこなさなければならず、そのためには経済的に合わなくてもやらなければならないというリスクを背負う。量をたくさん出すと補助金は高くなるが、間伐の定義をどうするかということで、所有者との信頼関係を損なう場合もある。しっかりと所有者と話をしなければ、50年後にその山がどうなるか、誰が責任をとるかということになってくる。そこまで責任を持ったやり方を、今からやっていかなければならないと思う。

薪の宅配サービスの目的

　フロアF：木平さんに質問。薪の宅配サービスは、2011年度は720軒で、年間のストーブの販売量と同じになる。薪の宅配サービスは非常に早いスピードで増えているが、ストーブの販売とどう連携させているのか。ストーブ販売の時系列的な変化とあわせて、少しお話いただけるとありがたい。

　木平：薪の宅配サービスとストーブの販売台数の関係について。たぶん皆さんのイメージは、薪ストーブは非常に趣味性の強

い、ログハウスに住んで薪づくりを楽しん
で、というイメージが強いと思う。今も別
荘とか、そういうイメージが強いと思う。
少し裾野を広げて、普通にみんなが薪スト
ーブを使える環境を創っていきたい。その
ためには、薪が手軽に手に入る環境を創る
ことが大事で、会社が宅配サービスを始め
る中では、それが大きな目的だった。

今までの「薪が大変だから、薪ストーブ
を入れない」から、「宅配サービスなら気
軽にできるのでやろう」というお客さんを
増やす。それはイコール薪ストーブのユー
ザーの裾野をかなり劇的に広げることにな
る、という思いがある。若干だが台数の増
加には貢献していると思う。

ストーブの販売台数自体は、おそらく社
会環境とか、いろいろなことで左右される
し、これだけでは決まらないので、どれだ
け影響しているかはわからないが、震災と
かいろいろな影響があって、エネルギーに
関する問題への興味が最近高いので、全国
的に薪ストーブの販売は過去にないペース
で上がっていると聞いている。

里エネの意義と課題

座長：そろそろまとめに入っていきた
い。まず、意義については、何人かの方が
おっしゃったように、エネルギーの今まで
の大量生産、大量消費の構造を見直す一つ
の役割を担っている。これからも持続可能
なエネルギーを考えていくうえで、小さく
回す里山のエネルギーを促進することは、
価値があると思う。

ノルウェーでは、使わなくても薪ストー
ブは要るという。それは、災害時にライフ
ラインが絶たれた時、必ず役に立つという
側面があるから。

それから、地域を創る、地域に雇用ある
いは副業的なものを生み出す、あるいは山
を守るとか、山には総合的な利用がいろい
ろとある。それに関しては、多くの専門家
がいると思うが、木材とか製紙原料、炭、
薪、シイタケ原木などの利用のほかに、例
えば漢方薬の資源としてなど、幅広い利用
の仕方があるが、里エネの利用もその選択
肢の一つだと思う。ほかにも健康促進と
か、あるいは地球温暖化対策としての役割
も担っていると思う。

課題のほうはおそらくもう少し整理でき
るだろう。まずあげられたのが、山側の担
い手の問題。それから、現状把握ができて
いないこと。薪に関しては統計すらないと
いう話。流通はまだ規模が確保されていな
い。巨額の投資ではなく少額の投資で始め
られるが、基本的なものがまだ生み出され
ていない。

消費者側では、住まいの問題と使う側の
価値観。薪を趣味的に使うという意味合い
がまだ強くて、身近なエネルギーとしての
認識は、まだ確立されていないということ
だった。

また企業家やプロとして、バイオマスエ
ネルギー、里エネを担っていく人がまだ少
ない。

使う側にとっては、臭いとか、煤も気に
なるところで、このあたりについては、ス
トーブがかなり高性能になっており、改善
されつつあるという話だった。

里エネの発展に向けて

座長：最後にパネリストの皆さんに、里エネを今後発展させていくためのメッセージをいただきたい。

安村：薪ストーブをいろいろと調べているが、少し疑問なのは、裏に山があるからといって、湯水のように薪を燃やしていいのかということ。それで里エネの恩恵をフルに受けているが、同じ様子を都会の人にも発信して真似してくださいというのは、難しいのではないかと思う。

薪などの里エネには、必要な分を必要なだけ燃やすというような暮らしぶりが求められると思う。山村から見ると、そうやって節約した部分は他の利用に回せるわけで、省エネ住宅では、住む人も健康になれるということ。山村の人も、消費者だということを意識されてもいいと思う。

小池：1950年頃、中山間地でお金を儲けたのは、製材業者と素材生産業者のセンスの良い人。そういう人は、1960年頃には他の商売に転業している。少なくとも中山間地では、その頃には企業家精神を持った方は多かったと思う。今はグリーンゴールドラッシュというか、グリーンゴールドだと思って、山のほうで一発当てていただきたい。

竹川：葛巻では、人口減少と高齢化が進んでいるので、山を守るために集落の集約化を進めている。炭と薪ステーションとして、38集落を6分割し、うち2か所は5,000m²の土地を借りている。炭と薪の生産はその地域の人が担っている。火の管理も自分たちがつくった木炭を使う。薪も自分たちがつくったものを使う。余ったものは売る。このシステムを残りの4か所でもやりたい。葛巻の公共施設には、チップボイラー、ペレットボイラーもたくさん入っているが、この4か所でやるためには、流通、売り先を見つけてからやらなければならない。薪の利用は、針葉樹、広葉樹を問わず進めていきたい。

木平：今後何が必要かというと、私の経験から、やはり人だと思う。どういう仕事でも良い人が集まれば物事は進むと思う。そのためには、最低限の稼ぎが必要。これは、面白いからやりたいという人がいても、最低限の稼ぎがなければ、やれないのが現実。良い人材は、潜在的にたくさんいると思うので、そういう方に参加していただくためには最低限の稼ぎがあるような仕組みを創っていくことが、一番大事ではないかと思う。それから、泊さんが言われたが、特に女性の参加が大きいと思う。薪の宅配は、軽トラックに積んで各お宅に配るが、現在、女性が4～5人、結構主婦の方に空いた時間を使って参加していただいている。元々男ばかりでそれが普通と思っていたが、女性が入ってくると、何となく全体が盛り上がるような感じがする。

良い人材、特に女性の参加が増えれば、自然と里エネが広がっていくと感じている。

泊：バイオマスを使ったボイラーは、灯油や重油やガスのボイラーの10～20倍くらいの値段。ランニングはわりと安くできるので、トータルで見たらペイするが、あまりの高さに圧倒され、導入が進まない

面がある。補助金という話もあるが、ESCO事業やリースのような、トータルで見ると10年とかの分割にしておいて、今までの年間の重油代くらいをずっと払い続けると、イニシャルの機器の分が払えて、その後は安いランニングだけで済む仕組みなど、民間と金融機関の仕組みがセットになることも必要。

もう一つは学校で、「つながり・ぬくもりプロジェクト」として被災地の避難所に、バイオマスのペレットストーブ、太陽熱温水器、太陽光発電などを、寄附を集めて設置することをやってきているが、結構小学校が避難所になっている。小学校は、子どもたちが勉強するところで、今、公共木材建築法（公共建築物等における木材の利用の促進に関する法律）で推進しているように、学校にもっと木材を使ってほしい。避難所としての学校に薪を備蓄することを提唱している。

地域エネルギーの活用を！

座長：3.11以降、エネルギーや私たちの暮らしをどうするのか、今までのエネルギーのあり方、社会のあり方そのものが、転換を求められているのだと思う。いろいろな可能性があるが、バイオマスエネルギーを含めた、小規模分散型の地域で回すエネルギーは、たとえ量が稼げなくても、しっかりと位置づけて推進していくべきものだと思う。

最近、福島の支援を行っている関係で、福島でエネルギー戦略に関する市民主催の会議を行った。そこで、福島の方に発言していただいた時に、「エネルギー政策は足し算、引き算ではない。いろいろなエネルギー源を並べて、足し合わせて需要を満たすという発想が間違っている。私たちが原発事故によってどんな目にあったのか、想像してください。それを考えた時に、エネルギーというものを、足し算で考えることはやめてください」とおっしゃった方がいて、大変強い印象を受けた。量で稼ぐタイプのエネルギーというのは、確かに必要なのかもしれないが、小規模でも分散型で強いエネルギー、地域で回せるエネルギーの価値を積極的に位置づけて、これからしっかりと推進していくことが重要である。

本日は長時間にわたった。パネラーの皆様、そしてフロアの皆様に御礼申し上げる。

第3章 国産材ルネサンス！ 創る・繋ぐ・調える 森と木のビジネス

日時　2013年9月28日（土）
場所　東京大学弥生講堂

報告者

武田 八郎
（一財）日本木材総合情報センター

東泉 清寿
株式会社トーセン

安成 信次
株式会社安成工務店

川畑 理子
株式会社グリーンマム

パネルディスカッション座長

藤掛 一郎　宮崎大学

第3章　国産材ルネサンス！

第1報告

国産材の振興に向けた課題

武田　八郎（一般財団法人日本木材総合情報センター）

木材需給の動向

　木材需要量は「高度成長」期に増大を続け、1973年に史上最高の1.2億m^{3}となった。第1次、第2次石油ショックを契機に減少、回復を繰り返し、1987年以降は1億m^{3}台で推移した。しかし1990年代のバブル経済の崩壊後の長期不況期により木材需要は減少の一途をたどった。特に2009年は世界金融危機の影響で46年ぶりに7,000万m^{3}を下回った。その後、住宅着工が回復傾向に転じたため、2012年は7,063万m^{3}になっている。

　木材供給について見ると、木材輸入の自由化が段階的に実施され、外材供給量が急増した。1969年に国産材供給量を上回り、外材輸入体制が確立されていった。さらに1985年プラザ合意による円高基調下で一連の木材市場開放政策が行われ、国産材供給量は減少を続けていたが、2002年を底に増加傾向にあり、2012年は1,969万m^{3}となっている。

　木材自給率は2000年に過去最低の18.2％となったが、その後、外材供給量が減少したことから27.9％に上昇している。用途別自給率は、製材用が43.5％、合板用は2000年代後半以降、国産材丸太の利用が進み、自給率は徐々に高くなり25.3％となっている。パルプ・チップ用は輸入チップの原料基盤があるため、自給率は低く15.8％である。製材用は4割台が限界かもしれないが、パルプ・チップ用の自給率は上げていく必要があるだろう。

　「森林・林業基本計画」（2011年）では「森林・林業再生プラン」を踏まえた2020年目標が明記された。現状に対し、製材用770万m^3、合板用240万m^3、パルプ・チップ用970万m^3（木質系材料、木質バイオマス発電用を含む）の利用拡大が必要となる。目標達成への道程は厳しいといわざるを得

ない。

住宅需要構造の変化

　住宅着工戸数は「高度成長」期に年々増加を続け、1973年に史上最高の191万戸（木造112万戸）を記録し、この時を頂点に右肩上がりは終焉した。「低成長」期以降の日本経済の時期区分における新設住宅と木造住宅の年平均着工戸数は次のようになる。「低成長」期（1974～85年）132万戸、79万戸、「バブル」期（1986～90年）162万戸、70万戸、「長期不況」期では「失われた10年」（1991～2000年）140万戸、64万戸、「構造改革期」（2001年以降）106万戸、55万戸と、住宅需要は傾向的に減少している（図-1）。人口減、少子高齢化、住宅の充足等により、住宅着工は100万戸割れが常態化し、60万戸時代の到来も予測されている。このような住宅需要構造の変化を前提に木材の需給、あるいは供給構造のあり方を模索していく必要がある[1]。

　近年の木造住宅の着工動向は、リーマンショック後の2009年は43万戸に落ち込んだが、緩慢な回復傾向にあり、2012年は49万戸、木造率は55.1%

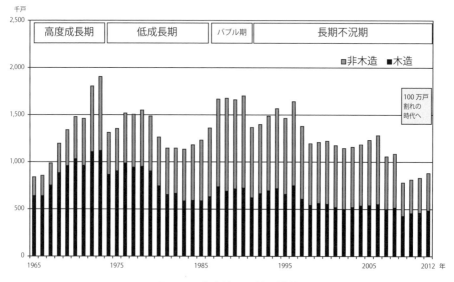

図-1　住宅着工戸数の推移
出典：国土交通省「住宅統計年報」

第3章　国産材ルネサンス！

である。工法別では在来軸組住宅が7割強を占める。ツーバイフォー住宅は約2割だが、着工戸数が増加傾向にあるのが注目される。

　次に住宅会社の国産材利用については、日刊木材新聞社の調査結果（2011年度）がある。柱角はスギ17.3％、ヒノキ8.7％、横架材はスギ7.6％、土台角にはヒノキ27.8％が使用されているにすぎず、ホワイトウッド、レッドウッドの集成材が圧倒的に多くなっている。

　しかし近年、大手住宅会社では国産材利用の動きが活発化している。住友林業の主要構造材の国産材比率は53％で、2013年度から羽柄材に範囲を広げ、輸入部材の国産材化を進めている。積水ハウスは東北エリアの一部で秋田杉の集成柱をオプション展開していたが、2009年度から東北エリア全体に拡大している。また下地用合板も順次、国産材合板に切り替えている。2012年度の国産材利用率は13％である。ツーバイフォー住宅の三菱地所ホームは山梨県産のカラマツ間伐材で製造されるFSC認証材のLVLと山梨県産材のⅠ型ジョイストを2011年8月から注文住宅の標準仕様にしている。

　これら大手住宅会社と対極にあるのが、顔の見える木材での家づくりグループである。林家、素材生産業者、森林組合、製材業、プレカット、木材販売業、大工・工務店等の川上から川下の業者が連携して、消費者が納得する、国産材の家づくりに取り組んでいる。グループ数は2001年の117から2009年には321に増加している。個々のグループの供給戸数は多くはないが、総供給戸数は6,700戸であり、国産材利用の大きな勢力に成長している。

非住宅建築物の木造化と木材輸出の動向

　「公共建築物等における木材の利用の促進に関する法律」が2010年10月に施行され、潜在需要の大きい低層公共建築物の木造化、木質化を国が率先して進めることになった。従来の「建築物の非木造化」を大転換した画期的な法律である。農林水産省の推定では2011年度の公共建築物の木造率は8.4％、うち低層建築物は21.3％となっている。

　公共建築物を含む非住宅建築物の木造率（2012年床面積ベース）は7.5％と極めて低い。事務所6.4％、店舗4.6％、病院・診療所4.5％、学校の校舎2.6％である。店舗ではコンビニエンスストアの木造化が進み始めた。国内

93

日本初の耐火木造オフィス（大阪木材仲買会館）

初の耐火木造の梁と柱を採用した大型商業施設「サウスウッド」、都市部での木造ビル「大阪木材仲買会館」が完成している。公共建築物をはじめ非住宅建築物の木造化や木質化は、国産材利用の有望な分野である[2]。これら中層建築や大規模建築を可能にする直交集成板（CLT）の開発が進められている。

　海外需要である木材輸出が急増し、注目され始めた。丸太輸出は2011年に10万 m^3 を突破し、2013年は20万 m^3 を超える見込みである。輸出相手国は台湾、韓国、中国の3か国に集中している。台湾向けは土木工事の型枠用にスギ低質間伐材丸太が九州地域から輸出されている。この丸太輸出急増は、商社のオルガナイザー機能や輸出ロット拡大に向けた森林組合間連携によるところが大きい。一方、製材品輸出は2010年以降、ほぼ横ばいで推移し、2012年は5.8万 m^3 である。輸出相手国はフィリピンと中国で8割強を占める。農林水産省は木材輸出拡大に向け、「農林水産物・食品の国別品目別輸出戦略」を2013年に策定した。林産物輸出額の2020年目標を250億円とし、重点国は中国、韓国と定めている[3]。

第3章　国産材ルネサンス！

外材輸入構造の変化

　世界の木材貿易構造が、天然林材（大径材）から人工林材（一般材）へ移行し、また地球環境問題を背景に産地国で伐採・輸出制限が強まり、丸太輸入の規模は著しく縮小した。1990年の2,900万m^3から2012年は451万m^3と8割強の減少である。輸入丸太の多くは米材で、約300万m^3がコンスタントに輸入されている。その9割が米マツである。入荷は量産製材工場や合板工場の立地する港に集中している。特筆すべきは北洋材の激減である。2005年の469万m^3から2012年は27万m^3となった。資源大国ロシアでは石油などの国際価格の高騰を背景に、「資源ナショナリズム」が強化され、2007年から木材輸出関税が段階的に引き上げられた。これを契機に合板工場の北洋カラマツ離れが進行した。

　製材品輸入も1995年の1,136万m^3から2012年は656万m^3と減少傾向にある。こうした中で、欧州材製材品は1990年代後半から日本市場に参入し、短期間で200万m^3を超え、米材製材品の輸入量を上回る勢いである。高品質のKD材、ミリ単位での柔軟なサイズ対応、価格よりも市場シェアの獲得を優先する巧みなマーケット戦略の結果といえる。

　東京木材埠頭に入荷した2012年の樹種別商品構成を見ると、米材は48.6万m^3で、SPFツーバイフォー部材54％、米マツ小角類（母屋角等）・梁桁角23％、米ツガの小角類（母屋角等）、注入土台角、梱包材15％、スプルース、米ヒバ等の製品8％である。欧州材は25.3万m^3でホワイトウッド、レッドウッドの間柱等の小割製品とラミナが78％、集成柱・平角が22％、北洋材はアカマツのタルキ・胴縁等の小割製品が8.6万m^3となっている。

　構造用集成材の輸入量は増加傾向にあり、2012年は67.4万m^3である。欧州産が約9割を占め、上位5か国はオーストリア、フィンランド、ルーマニア、中国、エストニアである。品目別では、柱材の小断面が6割、梁桁材の中断面が4割で、中断面はサイズが多様なため、輸入品は国内生産品の補完的な性格が強い。

　次に木材輸入金額の推移を見ると、1990年は第1位アメリカ（5,189億円）、第2位マレーシア（2,654億円）、第3位カナダ（1,899億円）であったが、2012年は中国（1,465億円）、マレーシア（1,067億円）、カナダ（997億円）

95

と順位が入れ替わった。アメリカの後退、中国の台頭である。1990年のアメリカからの輸入品目は第1位米マツ丸太（1,696億円）、第2位米ツガ丸太（599億円）、第3位SPFを除く針葉樹鉋がけ製材（566億円）であった。一方、2012年の中国からの輸入品目は第1位が木製品（221億円）、第2位が集成材（134億円）、第3位が縦に挽いた木材を接ぎ合わせたもの（129億円）となっている。このように外材輸入構造は丸太から製材品、さらに加工度の高い製品へ大きく変化している。

スギ丸太生産の増加と国産材製材の規模拡大

スギ丸太生産量はリーマンショック後にやや減少に転じたものの、増加傾向にあり、2012年は995万m^3である。スギ丸太は合板用途が新たに開け、2002年は5万m^3（0.7％）にすぎなかったが、2012年は159万m^3（16.0％）となっている。一方、ヒノキ丸太生産量は2000年以降、200万m^3前後の横ばいであったが、2009年以降、漸増傾向にある。土台などの製材用が8割強を占め、スギ丸太に比べて汎用性は少ない。

スギ丸太生産量が2003年以降、増加している背景には「新流通・加工システム」、「新生産システム」といった一連の国産材の流通・加工体制整備事業の影響が大きい（表－1）。新流通・加工システムは、B材（曲がり材）を集成材、合板に利用する途を開いた点で画期的であった。全国10か所で実施され、曲がり材や間伐材利用量は2004年の45万m^3から2006年の121万m^3に増加している。また、この事業を契機に「やる気」のある企業に国が補助を出す仕組みに変わった。製材用のA材（直材）を対象にした新生産システムについては、いろいろな評価があるが、定めた目標に達した地域もあり、モデル事業としての効果は、それなりにあったと評価できる。

国産材専門工場の動向を見ると、中小規模工場が脱落する中で、大規模（300kW以上）の工場のみが増加傾向にある。2010年は297工場となり、これら全体のわずか6.7％の工場が国産丸太入荷量の55.7％を占める構造ができ上がっている。トーセン（栃木）を筆頭に協和木材（福島）、木脇産業（宮崎）などの規模拡大が著しい[4]。年間丸太消費量10万m^3以上の企業は13社を数える。ラミナ製材専門の大規模工場も誕生してきた。まさに「製

第3章　国産材ルネサンス！

表－1　国産材の流通・加工体制整備事業の概要

	新流通・加工システム	新生産システム
実施年度	2004（平成16）～2006（平成18）年度	2006（平成18）～2010（平成22）年度
目　的	曲がり材や間伐材を利用して、集成材や合板を低コスト、大ロットで供給。	山元の収益性を向上させるため林業と木材産業が連携したビジネスモデルの構築。
実施地域	全国10か所	全国11モデル地域（75事業体のうち39が大規模製材施設等の整備）
成　果	・曲がり材、間伐材等の利用量 　　2004年　約45万m³ 　　2005年　83万m³ 　　2006年　121万m³に増加 ・合板工場の国産材利用が全国的に波及。	・原木利用量　132万m³→180万m³ ・素材生産コスト 　　主伐23%削減、間伐33%削減 ・協定に基づき素材生産者から製材工場に直送される比率 　　素材生産量の22%→45% ・山元立木価格 　　スギ間伐1,207円/m³→1,809円/m³ 　　ヒノキ間伐3,400円/m³→4,626円/m³

出典：「平成23年度森林・林業白書」より作成

材革命」といってもよいだろう。大規模工場を会員とする国産材製材協会のアンケート調査結果によると、今後の拡充分野で最も多いのが「ラミナの増産」、次いで「KD化率の上昇」であることが注目される。

国産材の振興に向けた課題

　国産材を取り巻く需給構造の変化から見た課題をあげ、まとめとしたい。需要面では、①住宅着工の100万戸割れを前提に、中長期的な国産材の需要構造のあり方を考えていく必要がある。公共建築物をはじめ、店舗・事務所などの非住宅分野、土木分野[5]、エクステリア分野などが期待できよう。②国産材のグローバル化＝木材輸出も今後、視野におかなければならない。現在、低質の間伐丸太が輸出されているが、高付加価値製品の輸出拡大にも取り組む必要があるだろう。③大手をはじめ中小住宅会社で国産材利用の動きが活発化している。木材利用ポイント事業の実施や円安の影響もあるが、この動きを一時的なものに終わらせず、定着させていく仕組みづくりが課題である[6]。

　供給面では、外材輸入は加工度の高い製品へ移行し、また住宅構造材市場

97

は内外産構造用集成材が席捲している。これら製品との競争に打ち勝つために国産材製材工場の規模拡大が進んでいるが、この規模拡大を山元への還元に繋げていくことが重要な課題である。

注

1）国産材需給構造のあり方を考えるうえで、竹島喜芳「林業再生の突破口」（『山林』2013年2月号）の論考が参考になる。短期的には軸組工法の集成材による梁桁材生産とツーバイフォー材の国産材化、中期的には土木・製函・梱包用材等の需要の掘り起こし、木材輸出、住宅の木製品利用率の向上を指摘している。

2）「超高層ビルに木材を使用する研究会」が2013年に発足し、従来コンクリートで構成された超高層ビルの床・壁・天井などを国産の木質材料に置き換え、新築着工木造率70％・木材自給率40％を目指すシナリオを提案している。

3）中国の「木構造設計規範」に日本産のスギ、ヒノキ、カラマツ利用と木造軸組工法の規定が2014年度内に告示、施行される予定で、住宅市場への参入が可能となる。韓国はヒノキ材内装材市場の拡大を目指すことになっている。

4）米マツ製材大手の中国木材でも国産材製材拠点を相次いで設立しており、稼働準備中の長良川木材事業協同組合、建設中の日向工場を含めると年間丸太消費量は約60万 m^3 の規模に達する。

5）「土木における木材の利用拡大に関する横断的研究会」（土木学会、日本森林学会、日本木材学会）は土木分野における木材利用量を現状の100万 m^3 から2020年の400万 m^3 の実現に向けた提言を2013年3月に発表している。

6）例えば、伊万里木材市場は国産材ツーバイフォー住宅部材の製造に特化した新会社を鹿児島県に設立し、大手賃貸住宅会社向けに独自のサプライチェーンマネージメントシステムを2014年に構築する。

第3章　国産材ルネサンス！

第2報告

国産材製材と今後の山林活用
―総合的な木材利用の必要性について―

東泉　清寿（株式会社トーセン）

株式会社トーセンの会社概要と母船式木流システム

　株式会社トーセン（栃木県矢板市）は、栃木・群馬・茨城・福島・新潟に18の直営工場と8の提携工場を持ち、グループ全体で約29万 m³ の原木を消費する日本最大手の国産材製材会社である。送材車1台で創業した我が社が50年でここまで事業を拡大した背景には、まず何より乾燥機の導入と、木材の安定供給のために独自に構築した「母船式木流システム」がある。各地に点在させた小規模な製材工場で原木を一時加工（製材）し、生産された半製品を乾燥・仕上げ機能を有する大規模工場（「母船」）に集中させて製品を供給する、というシステムである。

　このように各工場で得意分野に特化した生産を行うことで、生産性の向上と製造工程の簡略化、そして「母船」が製品の一元管理を行うことで、安定供給を実現してきた。また、乾燥させることで製品を在庫としてストックできるようになり、ホームセンターやハウスメーカーといった出荷先に調節できるようになった。まさに「母船」はダムの役割を担い、それによって販売先のニーズに応えることが可能となったのである。

国産材利用の現状とオーストリアの実例

　日本は、欧米の林業先進国にも引けを取らない森林資源を有している。しかし、その豊富な森林資源を有効に活用できているとはいえず、成長量に対する森林資源利用率はヨーロッパが90％、日本が27％となっている。木材の安定した利用・供給が成り立ち、バイオマス利用にも成功しているヨーロッパでは、もちろん木材産業の雇用も日本より格段に多い。また、森林蓄

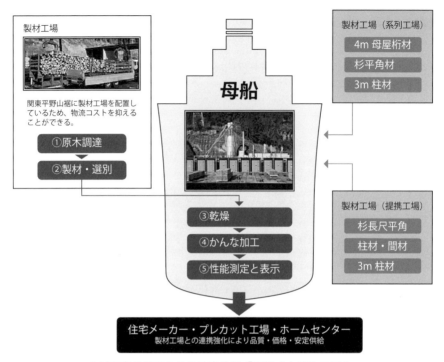

木材安定供給のための独自体制「母船式木流システム」

　積を年間国産材生産量で割り、森林循環がどのような周期で行われているかを求めてみると、オーストリアの森林は約55年と適伐期にちょうどあてはまる周期で循環しているのに対し、日本はその4倍、223年も資源を放置してしまっていることになる（表－1）。これが日本の国産材利用の現状である。

　オーストリアのギュッシング市は、鉄道や高速道路もない、人口4,300人の小さな町だ。しかし、1990年に化石燃料からの脱却を宣言し、バイオマス利用に力を入れることで、50の企業を誘致し、1,100人の雇用を生み出した。エネルギーの7割を再生可能エネルギーで自給している。その結果、バイオマス利用の先進例を視察するために、私たちのような人間が年間5万人も来訪するまでとなった。オーストリアは、既に完成している原子力発電所がありながら、国民投票で反対票が過半数を占めたことから稼働させなかったという。電力不足といわれているが、日本も原子力発電を廃絶するという決断をすれば、オーストリアのように新しい産業が生まれるのではないだろ

第3章　国産材ルネサンス！

表－1　森林資源と利用状況の比較

	オーストリア	日本	日本/オーストリア
国土面積（万km²）	8.4	37.8	4.5
全森林面積（万km²）	4.0	25.1	6.3
森林面積率（%）	47.6	68.2	1.4
森林蓄積（億m³）	11.9	44.3	3.7
年間国産材生産量（百万m³）	21.8	19.0	**0.87**
森林蓄積/年間生産量（年）	54.6	**223**	4.3

出典：Austrian Forest Inventory 2007/09
　　　「平成22年度森林・林業白書」

うか。年間2％ずつ成長していくといわれる木を有効に活用する術を、もっと考える必要があるだろう。

バイオマス利用による山林活用

　オーストリアの例を見ても、製材のみで山林を活性化することは難しく、エネルギー利用こそが強い林業を創るきっかけとなることがわかる。日本は木材自給率50%を目標にしているが、需要と供給のバランスがネックである。国産材の需要は、公共事業や地域産材使用の流れから上昇傾向にあったが、円安やエコポイントがさらに追い風となって2013年9月現在大幅に伸びた。また先述のとおり日本の森林蓄積は膨大で、供給についても問題はない。しかしここ数年、円高の影響を受け、外材に価格競争で敗れた日本の製材会社は年間500社ずつ減少しており、生き残っている製材会社の生産能力が追いつかず、材の流れの中間がくびれてしまっているのが現状だ。バイオマス事業は、このボトルネックを解消し、山林所有者が不安がらず材を搬出できる、新しいマーケットになるだろう。

　今後はバイオマス事業を軸とした材の活用を行っていくべきではないかと考えている。製材できない部分をバイオマス利用するのではなく、山からすべての材を搬出する仕組みを創り、その中から製材用材を選別する。具体的には、栃木県那珂川町で廃校になった中学校跡地に、現在、木質バイオマス発電所を建設中である。隣接している協同組合の製材工場から製材端材チップを、また、八溝周辺地域から集めた森林未利用材をそれぞれ投入し、2014

年秋から 2,500kWh を発電する予定だ。

　我々は現在、山全体の 50％ にあたる木材の製材用材部分しか活用できておらず、50％ は森林未利用材としてそのまま山に捨てている。しかし、バイオマス発電・熱利用を行うことでその 50％ に価値が生まれれば、製材にも価格競争力が生まれ、外材にも負けない市場を創ることができる。森林資源をフル活用するバイオマスによって、製材も強くなっていけると考える。

　那珂川町では、「木の駅プロジェクト」を栃木県内で初めて導入しており、地域住民が軽トラックで搬出してきた森林未利用材を、地元の商店のみで使用できる地域通貨と交換し、山林と商工会を同時に活性化させようと取り組んでいる。また集められた木質チップは、効率の良くない発電事業だけでなく、熱利用事業にも用いられる。地域産業の研究会を立ち上げ、バイオマスボイラーで企業に熱を供給した後の廃熱を、研究会のメンバーが栽培するマンゴーのビニールハウスやウナギの養殖等に有効活用する。燃料の供給からエネルギー利用まで、専門機器がなくとも地元住民が軽トラックで材を持ってくる仕組みを創る。発電プラントだけでなく、振興券の使用を受け入れた地元の商店街で食事をした後、バイオマスボイラーによるハウス栽培や養殖場での熱利用の様子を見学し、直売場でマンゴーをお土産に購入するという観光・エコツーリズムを取り入れれば、ギュッシング市のように町おこしの一環としても面白い取り組みとなるだろう。

　バイオマス発電事業に取り組む企業はどんどん増加しているが、我が社は他と比較しても発電の規模は小さい。それは地元の材を地元で消費する、森林資源の「地産地消」を実現するためだ。もちろん大規模なプラントのほうが事業として採算をとりやすい。しかし、エネルギー利用と木材製品としてのマテリアル利用を進めながら、伐り捨て間伐等で山林に捨てられている森林未利用材を地元で有効活用したいと考えている。わざわざ遠くから燃料材を運んでこなくても可能な規模の発電を行う。バイオマス発電所から半径 50km 圏内で材を集める地域密着型の事業にすることで、地元に雇用を生み、膨大な輸送コストを地域に還元することも可能だ。山林への還元、地域への還元をすることが、今後、山林利用の活性化を図るうえで重要になってくるのではないだろうか。

第3章　国産材ルネサンス！

第3報告

川下から川上へ……。その魅力の伝え方
―国産材の木の家を普及する工務店の戦略―

安成　信次（株式会社安成工務店）

　国産材の利用が叫ばれ、つくり手も住まい手も補助金などの政策誘導効果もあって、県産材ばやりである。元来、アンケートを見ると、住まい手の「理想は木の家」といった潜在ニーズは高かったわけだから、いかにもニーズ・シーズともに合致し、良い傾向にあるとお考えの方も多いと思う。しかし、地域工務店で国産材の家づくりを担う者としては一概にそうともいえず、どういうニーズを伸ばし、どう誘導すれば健全な林産業の育成ができ、ひいては地域の住宅産業が誇りを取り戻して成長していけるか、極めて重要な局面に立っているといわざるを得ない。そのカギは、年間建設される戸建住宅の6割近くが比較的中小の地域工務店が担うという産業構造にあり、その中で、「地域工務店こそが担うべき住まいづくりの方向性」を追い求めた私たちの取り組みをお話ししたい。

　それは特殊な事例ではなく、住まい手のニーズに基づくものであり、真の健康住宅を探る道であり、また、地域工務店が健全な家を守り産業を継続していくための一つの答えとなると信じている。

柱や梁・桁を現しで活かす、新たな木の家のインテリア

　それでは最初に、私たちが行っている家づくりを紹介したい。まず外観だが、写真のように屋根をガルバリウム鋼板で葺き、外壁は左官仕上げの塗り壁を基本とし、適宜、板材やガルバリウム鋼板を組み合わせた仕上げとしている。地方都市なので、面積は30〜45坪が多く、外観はデザイン的に気を配った、洗練され、飽きがこない色づかいとしている。

　また、躯体については、近県産スギ材を使用した在来木軸工法で、新聞紙

木の家の外観

をリサイクルしたセルロースファイバー断熱材を壁と屋根面もしくは天井に施工し、次世代基準以上の高断熱を標準としている。私たちは年間約120棟を供給しているが、このうち6割が太陽の熱を屋根で空気集熱し床下に送って床暖房を行うパッシブソーラーシステムとして実績のあるOMソーラーシステムを採用している。

次に住宅の内観を説明したい。写真のように、柱や梁が現しで見える真壁工法の内装仕上げを1996年から行っている。このように柱

真壁工法の内装仕上げ

や梁が現しで見えるインテリアを基本とするものの、お客様の希望により柱や梁を隠ぺいした写真のような大壁仕上げも行っている。それらの割合は、真壁が4割、大壁が6割といった感じだろうか。

第3章 国産材ルネサンス！

柱や梁を隠ぺいした大壁仕上げ

　床の仕上げにはカラマツの無垢の床板やヒノキやスギを使う。壁や天井のほとんどがプラスターボード下地の珪藻土薄塗り仕上げである。また、2階床に貼る構造用合板をスギの積層板とすることで水平剛性を確保しつつ、1階天井の仕上げを兼ねるケースもある。このような内装を私たちは自然素材型住宅とか現代民家型工法と呼んでいる。

　私たちは山口県と福岡県をエリアとしており、山口県の住宅には防長杉を、福岡県の住宅には大分県の津江杉をそれぞれ構造材に利用している。山口県産材は低温乾燥で、大分県産材は天然乾燥で含水率25％以下で納品してもらい、自社のプレカット工場（関連会社）のストックヤードで20％の含水率になるように乾燥調製して加工している。

　なぜ、自社のプレカットにこだわっているのかというと、柱や梁が現しで見えることを基本とするため、比較的住まい手の目につく部分になるべく節の少ない柱や梁を配置するなど選別の手間をかけるため、コンピューター制御のプレカットではなく、仕口や継手などを機械加工し、その他は手作業といった半自動ラインのほうが、都合がいいからである。また、柱や梁・桁など、現しで見える部材は、超仕上げと呼ぶ幅が330mmの梁・桁材でも一発

で仕上げることができる高性能自動鉋加工が大きな特徴となっている。

それら自社プレカットで加工した構造材を「化粧構造材」と呼び、差別化を図っている。一般のプレカット工場は、そもそも柱や梁を隠ぺいして使用する大壁工法のためのプレカットとなっているので、我々のような家づくりには対応しにくいのが実情である。

この部分、つまり家づくりにおける、柱や梁・桁材を現しで使用する家づくりを基本とする家づくりか、あるいは大壁を基本とする家づくりかどうかは、後で説明するが実はとても大きな問題をはらんでいると考える。

住宅スタイルの変遷と工務店の仕事

私たちがつくっているこのようなスタイルの住宅が、日本で供給される住宅の中でどのような位置を占めるかについて説明したい。

ご存じのように住宅工法には、主要構造材別に見ると、鉄骨系、コンクリート系、木質系がある。木質系の中には工法別で見ると、プレハブ工法、2×4工法、木造軸組工法がある。この木造軸組工法が、年間約43万戸といわれる戸建住宅のうち約8割の33万戸を占める。その多くは構造材が隠ぺいされる一般的な住宅である。歴史をたどれば、昭和40年代の大量に住宅が必要とされ始めた時代にプレハブメーカーが生まれ、新建材が生まれ、同時に構造材が隠ぺいされた洋風住宅が一般的になってきた。白い壁、赤い屋根ではないが、LDKを中心としたいわゆる洋風な暮らしが宣伝され始めたわけである。

それまで和風住宅を中心につくっていた地域の工務店も、新建材を多用した洋風住宅を手掛けるようになった。そのほうが施工も簡単で、何より施主が求める家だったからである。徐々に使用する畳の枚数が減少し、和風住宅自体も減少していく。大壁工法なので、構造材は何でもいい。安い材料はないかということになり、米マツを中心とした輸入木材が一般的に使われるようになった。輸入木材を構造材に使い、外装や内装仕上げは新建材で、ユニットバスやシステムキッチンなどが住宅を彩る、そんな家づくりになってしまった。

昭和の終わりには、私たちもこのような家づくりが地域工務店にふさわし

第3章　国産材ルネサンス！

いのか、といった葛藤を抱えながら、プレハブメーカーを後追いするような洋風住宅をつくっていた。昭和50年代後半には、住宅を手掛ける建築家の中にも、新たな現代民家を標榜する流れが出始めた。その後、シックハウスの問題も業界を賑わせ始めた。

1989年、たまたま届いたセミナー案内のダイレクトメールによって、私はOMソーラーシステムの考案者である東京芸大名誉教授・奥村昭雄先生（故人）に出会い、太陽熱を活かしたパッシブソーラーシステムの考え方について、また、地域の工務店は地域の材料と技術で家をつくるべきだと教えていただいた。

そしてOMソーラー協会の紹介で、1995年に大分県上津江村の第三セクター林業会社、（株）トライ・ウッドに出会うこととなる。林産地へ出向いたのはこれが初めてで、林産地も輸入木材に押されて新たな販路を求めて試行錯誤を続けていることを知った。ここから、本来の家づくりを模索する工務店と健全な林業を取り戻そうとする林産地との新たなコラボレーション、安成・トライ・ウッド・メソッドが始まったといえる。

翌年から森林体験ツアーや植林ツアーを毎年2〜3回実施しており、これまで累計48回、延べ3,055人の都市住民を山へ案内したことになる。山にふれることで、私たちの家づくりの考え方を深く理解していただくことができていると感じている。

住宅雑誌「チルチンびと」が創刊されたのが1997年である。これまで輸入住宅とかプレハブメーカーの住宅が載った住宅雑誌や建築家の住宅を取り上げた雑誌が多い中、住宅のスタイルではなく「暮らし方」とその暮らしを育む「住まい」に編集の軸を移した「チルチンびと」は、我々にとってエポックメイキングな雑誌創刊といえる。

2001年元旦の朝日新聞朝刊に全国版見開き2面の広告として「地域の山の木で家をつくる運動宣言」がOMソーラー主導でなされ、その紙面に呼びかけ人の一人として私の名前が掲載されたことを思い出す。

（株）トライ・ウッドでは、2008年に輪掛け乾燥と呼ぶ、玉切りした丸太を井桁に組み1年間自然乾燥する天然乾燥方式を開発した。天然乾燥を待ち望んだ私たちにとって、とてもありがたい乾燥方法であり、大きな成果が生

まれたと考えている。

　これまでも昭和50年代から産直住宅と呼ばれる商流中抜きの流通方法は存在していたが、これらが単なる商流の中抜きだったり、田舎づくりの住宅スタイルの産直だったりする中で、奥村イズムと「チルチンびと」の描き出す住まい方を工務店と林産地が連携して紡ぎ出す試みは、私にとって新鮮だった。スギを構造材に用いた高断熱躯体と内装に現しで構造材を見せつ

玉切りした丸太を井桁に組み
1年間自然乾燥する輪掛け乾燥

つすべての部位を自然素材で仕上げる家づくりのスタイルが1996年から始まり、現在も脈々と進化しながら継続し、より完成度を高めつつある。近年徐々に、私たちのような家づくりを標榜する地域工務店が増え始めたと感じている。

　では、その数は何社か、それらのスタイルの住まいは何棟供給されているのか。比較的中小規模の工務店が多いため実数がつかめないのが実情だが、確固たる方針として現代民家、あるいは自然素材型住宅というべき家づくりを進めている会社は数百社で、1万棟を超える供給量ではないかと推測する。また、ローコストや一般的な洋風住宅に迎合しながらも、自然素材型住宅を目指そうとしている会社も含めると、その倍だろうか。まだまだ少数といえるが、戸建在来木造のシェアでいえば3％をはるかに超え、増え続けていることから見ると、小規模林産地の再生のためにさらなる行政戦略が待ち望まれる。

　環境共生住宅OMソーラーシステムとの出会いが私をパッシブ住宅に導き、高断熱躯体を追い求める過程でセルロースファイバー断熱材に出会い、さらには自然素材型住宅への一本道を歩むように仕向けられたような気がす

る。それは、先代社長が大工出身という大工工務店としてのDNAによるものかもしれないし、常に時代と社会のニーズに沿いながら、地域工務店としての存在感を高めつつ成長していきたいとする強い強い願いにより導かれたのかもしれない。

調湿躯体とセルロースファイバー断熱材について

　関連会社に（株）デコスがあり、新聞紙をリサイクルしたセルロースファイバー断熱材を製造販売している。材料販売ではなく施工代理店網を全国に65社持ち、責任施工を行っている。地域工務店が断熱材を全国に向けて販売する、なんと事業欲旺盛な……と思われるかもしれないが、必要に駆られてここまできた、といったほうが正しい。

　OMソーラーハウスでは、アメダスの気象衛星データの中の風向・風速・日射量の10年分のデータをもとに、屋根で集熱できる熱エネルギーと、それで暖房できる床面積などをシミュレーションするパッシブソーラーシステムを取り入れている。取り組み始めた当初、完成した住宅の温湿度を測定すると、シミュレーションとの誤差が大きな問題となった。それは窓と壁からの熱損失が大きいことが原因だとわかった。

　開口部はペアガラスに変え、断熱材は大工さんを集めてメーカーの指導を仰いだ。結論としては、断熱材自体の性能がいくら高くても、きちんと施工していなければ意味をなさないこと、「断熱性能＝材料性能×施工品質」ということである。ならば完璧に施工できる断熱材は何か？　1993年当時、ポリスチレンボードのパネル化とウレタン発泡とセルロースファイバー断熱材の吹込み工法の三つが完全施工の可能性ありと考え、自然素材由来のセルロースファイバー断熱材の採用を決めた。

　しかし、材料メーカーは大手製紙会社の子会社でも、各種認定を取得する意欲が弱く、結局、試行錯誤のうえ、各種認定取得や工法確立を自社で行うこととなった。

　そうして1994年、セルロースファイバー乾式吹込み工法、デコスドライ工法が完成した。これまで旧基準レベルだったのが次世代断熱基準並みの断熱仕様になったため、大工さんなどの施工技術者、そしてお客様から夏は涼

しい、冬は暖かいとの感嘆の声の中、全棟標準採用を行い、1996年から施工代理店網を展開しながら、全国の工務店さんへ木造住宅と最も相性の良い断熱材として普及活動を始めた。

当初、「完全なる施工性」が採用アピールの決め手だったが、棟数を重ねるうちにわかったのは、吸音性能と調湿性能の高さによる快適性である。簡単にシアタールームをつくる

セルロースファイバー
断熱材を壁に取り付ける

ことができ、木材と同等の調湿性で、さわやかな空気感が何とも心地良いことが大きな特徴となった。近年、経産省のカーボンフットプリント制度の認定を受け、カーボンオフセットに一役買うなど、製造時のCO_2の低さがさらに大きな特徴となっている。

現在、年間約33万戸の戸建在来木造住宅の約1％のシェアを達成し、シェア3％に向かって新たに第2工場として関東工場が稼働を始めたところだ。

つくり手の実感。やはり木造住宅は健康に良さそうだ。そのエビデンスを……

住まいのつくり手の立場からすると、高温乾燥材に今一つ自信が持てない。隠ぺいならいいが現しともなれば、高温乾燥材の色やにおい、そして肌のつや加減は、どうしても納得できない。天然乾燥のほうが色もつやもにおいも断然よく感じる。木が持つ調湿性が高温乾燥では大きく損なわれているというデータもある。

木の家と健康の相関関係の証明はできないか。一昨年より始まった林野庁の「健康・省エネに関するデータ収集事業」に採択され、自然素材と新建材の比較実験を九州大学・(株)トライ・ウッド・(株)安成工務店の3社で行うこととなった。

九大キャンパスの一角に、約6畳の広さを持ち、温熱性能を同一にした、新建材内装の家と天然乾燥木材内装の家を並んで建てた。人を使った快適性の検証である。一昨年は昼実験、昨年は睡眠実験を行いながら検証中である。

まだ母数が多いとはいえないが、天然乾燥材のほうが、疲労回復度が高か

ったり、睡眠時の湿度上昇が抑えられたり、快適さの証明ができつつあるようだ。ぜひ、木の家の健康有益性を科学的に解明してほしい。現在、国交省では2007年に始まった健康維持増進住宅研究委員会が次のステップに移り、スマートウェルネス住宅研究委員会が始まった。その中で健康と住まいの相関関係について大規模な調査が始まろうとしている。

一方、民間でも「健康・省エネ住宅を推進する国民会議」が、全国で、工務店と林業者と医療従事者と共同の都道府県協議会の設置を始めた。現在約10か所の県協議会が設立済みで、年内には過半数の県で協議会が設置される見込みである。

ここで行おうとしているのは、新築やリフォーム時の事前事後の健康調査である。高断熱住宅に住み替えた時、どのような健康上有益な結果が得られるか。高断熱住宅が普及することで、ヒートショックが原因で起こる循環器系の急性疾患をどれだけ削減することができるか。これらが解明されることにより、増大する医療費を削減する住宅政策が一歩進むはずである。

高断熱が一巡したら、テーマは健康に有益な建材に移る。そうすると、木の家、木の内装をはじめとする自然素材の住まいが健康に良いことが証明されるはずである。さらには、健康に有益な新建材の開発も誘発され、一層、快適で健康で安全な住まいが普及する社会が実現する。

新生産システムも、間伐材のバイオマス発電も、CLTも、未利用資源を活かす取り組みとして大いに期待できる。大量の国産材需要を生み出す大手住宅会社が国産材に目を向けて利用し始め、国産材利用率が高まるのはとても喜ばしい。

しかし、従来の銘木といった概念はこれからの林業経営には求める術もないが、まだ木を木として扱おうとする安成工務店・トライ・ウッドのような林産地連携から生まれる「木の家」の普及を、林業と工務店の再生とともにもくろむほうが、波及効果が大きい。その際、新たなテーマ「健康」が「木の家」復活のキーワードになると思う。

第4報告

国産材の需要と供給を繋ぐ仕事
―地方の力をもっと都会に！―

川畑　理子（株式会社グリーンマム）

　2009年10月に（株）グリーンマムという会社を設立。以来、一貫して国産材、認証材を普及させるための活動を仕事としてきた。活動を通し、国産材や認証材利用を促進するための様々な課題が見えてきたため、具体例をあげて紹介したい。

（株）グリーンマムの役割

　グリーンマムは、発注者、設計施工会社、林業家・製材所・職人の間を繋ぐコーディネーターの役割を果たしている。そして、企業に国産材の利用を提案している。

　グリーンマムは、国産材や認証材に関わる川上側の林業家や製材所、地域の森林組合などと直接接し、都会の需要を伝えて応えてもらうことで、お互いに顔の見える取引が成立するように努めている。具体的には下記のような流れで内装材や家具等を納品していく。

1. 木材を使用する予定のある企業に営業活動
2. 森に足を運んでいただけるようにお願いする。
3. 希望により森を案内＆地域の製材所巡り
4. 具体的な案件の打合せスタート
5. 実際に使う材料のサイズ出し、見積もり等
6. サンプルの作製等
7. 受注
8. 納品

第3章　国産材ルネサンス！

どのような企業が賛同してくれるか

　賛同してくれる企業がないと話が始まらない。グリーンマム程度の規模の会社の活動に賛同してくれる企業を探すには、国産材や認証材利用の必要価値を相手に伝え、多少の手間や予算的な問題を乗り越えてでも、それまでの材料選びのやり方を変えていこうという気持ちになってもらわなければならない。企業の担当者の深い理解と協力が必要なため、実際に森に足を運んでもらったり、地域の人と話をしてもらったりすることもある。

　結果的にそれが企業のCSR事業になること、また企業にどのようなメリットが生まれるのかを説明する。例えば、最初は一担当者の勢いだけで動き出した国産材利用の店舗づくりも、件数を重ねると会社全体で「弊社は国産材、認証材利用で日本の森を豊かにする活動をしています」と謳うようになる。社長が環境系の雑誌に特集で紹介され、企業のイメージアップに繋がることもある。企業の社員やその家族、また、その企業に関わる人々が、日常生活の中で今まで気にもとめなかった環境問題や森林、木材について気になるようになる。そして、一企業の一担当者にでもその強い意志を共有してもらうことで、会社全体の、さらにその活動を繰り返すことで社会全体の意識を変えていくことができる、と理想ではあるが思っている。そのためにも、賛同してくれる企業を増やしていくことが非常に重要である。

事例紹介

　2009年より4年間で約30店舗のオフィス等の内装の国産材への切り替え提案や納品に携わってきた。スギ、ヒノキ、ナラ、クリ等材種も様々、使用の仕方、納品状態もそれぞれの施主さんの意向にそった細かな対応を心掛けてきた。

事例：鉄道林の木材を使用した店舗－Soup Stock Tokyo ecute 上野店－

　（株）スマイルズは、スープを中心として提供するカフェレストランを全国展開し、2014年1月現在、首都圏を中心に約60店舗展開している。そのうち2010年からニューオープンしているほぼすべての物件で国産材や認証材を内装材として使用し、また、小物類も国産材でつくっている。

113

Soup Stock Tokyo ecute 上野店：JR東日本の社有林のスギを使用

鉄道林の余材を使用した小物の提案〜記念品の作製〜

　その一つであるecute 上野店では、JR東日本の社有林からひいてきたスギを使用した。JR管内に店舗を出す際の材料について相談を受け、提案した1件である。JR東日本は、東北地方各地に社有林を所有している。主に鉄道林と呼ばれ、鉄道の安全な運行を守るために防雪、防風、防雪崩、防雨の働きをしている。私たちが安全に鉄道に乗ることができるのもこの鉄道林

があり、それらがしっかりと管理されているからだが、それを利用者が知る機会はなかなかない。そこで、鉄道林の木材を使用した店舗づくりはどうかと提案し、賛同してくれたスマイルズの担当者とJR東日本にかけあった。社有林の材料をフローリング材等に製品化して世に出すという初めての試みを実現させるためには様々な難題を乗り越える必要があったが、結果的に余った材料も子会社のノベルティーグッズに使用するなどとして、社有林材の有効活用例として成功した。

　現在、多くの企業が社有林を所有している。ただ、木材を製品化して世に出すことを生業としていないので、見学会や植樹祭等のイベントで森林の大切さを伝える活動は行っているものの、木材を製品化して世の中に出している企業はほとんどない。

　今後は社有林とコラボレートして何か（店舗、おもちゃ、家具等）をつくる可能性を引き出していきたい。

事例：B級材を利用した店舗 －Soup Stock Tokyo ルクア大阪店－

　外材を利用していた企業が国産材や認証材に切り替えてもらう際に一番の問題は、やはりコストである。多くの人が持っているイメージほど流通している国産材の価格は高くない。とはいえ、材料にこだわっていなかった企業が使用していた外材等よりは高い場合がほとんどである。国産材を使用する意義等を理解してもらったとしても、いきなり例えばヒノキの無節、高いけど最高級です！と提案しても無理がある。そこでグリーンマムでは、B級材等の傷もの材や、材木屋さんがどうにか使用してほしいと思っている材を工夫して使用してもらうことも提案している。

　このメリットは、施主が価格で躊躇しがちな国産材にB級材の国産材を使うことで、少し抑えた価格で実現することができ、さらに自分たちのアイディアをつぎ込むことで、B級材としてのデメリットをメリットに変えていくことができることにある。また、グリーンマム側のメリットとしては、施主の力を借りて、今まで使用されていなかった材料の新たな可能性を世に示すことができ、使い方に頭を悩ましていた材木屋さんたちにも喜んでもらえることがある。

Soup Stock Tokyo ルクア大阪店：Ｂ級ヒノキのフローリング材を重ねて切断し、ブロック状にして壁に埋め込んだ店舗

Soup Stock Tokyo ルクア大阪店：アリクイ（ヒノキ）材と呼ばれる虫食い痕や節が目立つ材に塗装することでアンティーク風に見せた店舗

このように材料に関わるすべての人たちがWin-Winな関係になる中で国産材利用を促進させるためには、B級材や眠っている材を循環させることも大切であると考えている。

事例：木材利用を通しての東北支援－（株）NTTドコモ－

2013年末にドコモショップ初の内装木質化のコーディネートをした際には、東北支援を兼ねて南三陸町のスギを使用した。これは、（株）NTTドコモがフォレストック協会を通して南三陸町の森を支援していることもあり、提案した事例である。塗装や貼り方の工夫で、同じサイズの同じ材料を使用した店内も変化が見られる雰囲気に仕上がった。木材利用を通して東北を支援することができた例といえよう。

*　　　*　　　*

国産材や認証材の需要は無限にあると感じている。しかし、なぜあまり使用されていないのか？　その理由は下記のような問題があるためではないだろうか。

①国産材や認証材の存在を意識していない、②使用する意義やメリットを考えたことがない、③材の出所を考えず、単純にカタログや施工会社からの提案で予算内の材料を選んでいた、④自分たちが使用している木材が環境破壊等に繋がるとは考えたことがなかった、⑤いざ使用する際に誰にどう注文すればよいかわからない。

では、この問題を解決するためにどうすればよいか？

川上側・川中側では、①木材を使いたい人のニーズを掘り起こす努力をする、②木材の様々な性格

docomo shop 木場店：
東北支援を兼ねて南三陸町のスギを使用

や加工の可能性を知る、③カタログ製品に負けないくらいのスピード感を持たせる、④臨機応変な対応ができるような心構えを持つ、⑤実際に木材を選ぶ立場の人たちのニーズを常に意識する、⑥自分たちが扱う国産材や認証材の価値や使用してもらう意義を強く意識する。お客様の要望等が初めての取り組みでも、まず「どうすれば実現させられるか」と考える。

川下側では、①木材を使用する際にまず国産材を考える、②国産材を使用する際の意義やメリットを考える、③国産材＝高いといった先入観をなくす、④使った場合、その価値をアピールする。

このように国産材利用には多くの可能性が潜んでおり、需要があることも確実である。後は供給側の対応力次第で国産材利用の良い循環が生まれていくのではないかと思っている。

パネルディスカッション

キーワードは「繋ぐ」、「国産材」

座長（藤掛一郎・宮崎大学）：今日の四つの報告には、二つの共通するキーワードがあると思う。一つは、今日の副題にあるコーディネートである。

国産材は、資源が成熟してきて、林業を活性化し再生することが課題になっているが、需要にどう繋げていくかということが少し遅れていて、そこに大きな課題を抱えている。すなわち模索しているけれども、どうしていいかわからない、というようなことがたくさんある。今日、報告していただいた方は、その中で先駆的にいろいろな新しい流れを創り出そうとしてきて、実績を上げ、また、これからそこをもっと繋げていこうと考えていらっしゃる。そうした、繋ぐ、コーディネートする、一人で全部やってしまうわけではなくて、間に入ってコーディネートする、最後は消費者がいるので、消費者と山との間をどのように繋いでいくかということが、皆さんの話で共通することだった。

もう一つが、国産材である。国産材は外材と競争しなければならないが、外材にできないことを、国産材だからできるということがあって、それを追求することが大事である。国産材とは、近くに山があり、近くで供給される、近くにそういう流れがあるということである。だからこそ、そこで工夫できることがあったり、価値実現できることがあったりするのが、今日考えられ

る大事なことではないかと思う。

パネルディスカッションでは、バイオマスの話から始めて、製材加工、住宅、そして最後はコーディネーター役の話へと進めていきたい。

バイオマスによる木の使い分け

座長：まず、バイオマスの話から始めたい。バイオマスは、安いものでなければ成り立たないし、だから安くなってしまうのだが、先ほど私が言ったように、国産材だからできるということの中では、バイオマスをやっていく意味はあると思う。その辺をもう少し東泉さんに伺いたい。

東泉清寿：私がバイオマスを手掛けようと思ったのは、今から3～4年前である。昨年、ドイツに行って驚いたことがある。ドイツの原木消費は12％がバーク、18％がおが屑、25％がチップ、そして50％が製材品である。ドイツの場合、バークで発電して熱を出して木材を乾燥させてしまう。それが12％である。18％のおが屑はペレットにして販売している。チップは、ほどほどの価格であった。だから、製材品の競争力がつく。ドイツで再認識したことは、やはり需要と供給は、供給しながら需要を創る、そのうちにマーケットができていくということである。

今、年間2,000万 m³の林地残材が日本で生まれている。そうすると、私の試算では、約5,000kWの発電所が全国に300か

所くらいできる。300か所に5,000kWの発電所ができると、1か所当たり10万tくらいの原木供給になり、収集・運搬を含めると約120人の雇用が生まれる。300か所のバイオマス発電所ができると仮定すれば、全国に36,000人の雇用が創出される計算になる。50km圏内に一つずつつくれば、お刺身に使えるもの、焼き物に使えるものといったように、木を上手に使い分けることができる。

マーケットを知る

座長：次に東泉さんの母船方式について、それが意味するところは、製材業が規模拡大しなければならないという話があるが、規模拡大には、一つは製材工場の規模を大きくして、生産効率を高めるということがある。しかし、東泉さんが取り組まれる規模拡大は、それぞれの工場が小さいままとなっている。規模拡大して何のメリットがあるかというと、販売面のところでメリットが出てくることを如実に示しているのではないかと思う。その意味で、製材工場は生産だけでなく、販売面での流れにうまく繋げていけるという役割が非常に重要で、そのために規模拡大が働くことを東泉さんは示していると思う。だから、製材工場の繋げる側面が、他の製材工場では足りないのではないかと思うのだが、そのあたりについてはいかがだろうか。

東泉：まさにそのとおりだと思う。マーケットがどういうものを求めているかを知りながら生産しないといけない。例えば、林道をつくる補助金、高性能機械の導入

等々、それをやっても需要にマッチしないとしたら、それは行政のいじりになってしまう。だから、お刺身はどれだけ、焼き物はどれだけと、マーケットを見ながら生産を増やしていかないといけない。

そこで、一つ問題提起がある。規模拡大したらいいという意見もあるが、製材業は不安定要因が大きい。我々はそれでずっと苦労してきた。今、原木価格も瞬間的とはいえ非常に上昇しているが、森林所有者には伐り控えが見られ丸太が出てこないといった、これまでと同じことが繰り返されている。そこで私は、山林は所有と経営の分離を図る必要があるのではないかと考える。例えば信託を仲介させ、20年30年と長期的に経営をやらないと、この問題は解決できず、いつになっても50％の自給率は実現できないと思う。

課題は人材

座長：その際、東泉さんが儲かっているのは、競争相手が貧弱だからなのではないかということだ。東泉さんの個性とか努力だけでは、話がその後展開しない。では、ほかはどうしたらいいのか。日本の製材工場は、ずっと厳しい時代が続いてきたためくたびれてきたのだろうが、そこをどうにかするには、投資も必要だが、どういう人材が必要かというところを考えて、これまでしてこなかったところを、もっと変えていくべきではないかと思う。

東泉さんは、製材工場をたくさん持っているが、それをマーケット面でも管理するには、たぶん社長さん一人では無理だと思

第3章　国産材ルネサンス！

う。そういう人材をどんどん会社側でも育てていかないといけないと思うし、そのあたりに日本の製材工場には、まだまだ課題があるのではないかと思う。

東泉：課題は人材だと思う。私は、町工場から始めて、職人としてやってきたので、製材の経験もあり、時代に合った決断もできた。

国産材拡大の条件

座長：バイオマスもそうだが、日本の製材工場はもっと成長すべきではないかと思う。武田さんは、ずっと国産材と外材の競争を見てこられて、もっと国産材を使っていくためには何が必要か、お考えがあればお願いしたい。

武田八郎：製材工場は、ものをつくる能力はかなり出てきているが、今、市場でどういうものが売れ筋なのかを把握しているのか。ただ既存の製品をつくり続けて販売するから、過剰在庫になるのではないか。今何が売れているかを敏感に感じる能力がやはり必要ではないかと思う。

座長：安成さん、川畑さんはいかがか。国産材がもっと需要に結びついていくために、製材工場はこのように変わってくれとか、課題にはこんなことがあるのではないかとか、感じていることがあったら教えていただきたい。

安成信次：地域の中でもよく話題になるが、結局ほしい材料がストックされていない。これにはいろいろと理由があると思うが、私は工務店にも大きな責任があると思う。例えば、工務店と製材所が集まって会

議をして、「では、年間どれくらい使うのか」という話が出た時に、工務店のほうは「いくら使うからつくれ」という話になる。反対に製材所のほうは「そんなに使うはずがない」と思っている。そういうお互い信頼されていない現状がある。

それを解決するのは結構簡単で、先ほど見ていただいたスライドでは、柱のサイズは2種類しかない。梁や桁のサイズは4〜5種類しかなく、使う材料は決まっている。県産材製品センターのようなところであらかじめストックしておけば、自由に使える。しかし、どこの地方自治体に行っても、私たちが木の家をつくるための材料センターのようなものがない。だから、そこの地域において需要と供給の本音の協議が必要ではないだろうか。

細かい要望に応える

川畑理子：私も、需要に対して対応ができない例が多いと感じている。しかし実は対応ができないのではなく、できないと思い込んでいるだけで、結果対応できるということが私の場合にはほとんどだ。

公共事業などの大きな仕事は全然なく、逆にいろいろ特色を持って展開している飲食店とか、ホテルとか、オフィスとか、一つのことにかなりこだわりを持っておられるため、じゃあ国産材に切り替えてみよう、「通り一辺倒でないことができるのであれば、使ってあげる」というようなところが多い。例えば、材の表面がきれいに仕上がった材ではなく、表面はざらざらでいいとか、傷をつけてほしいとか、木目を出

121

してほしいとか、そういう細かい要望に結局応えていけないと、新しく国産材に切り替えていただくことは難しいと感じる。

製材所のほうも、最初はできないということも結局できることがほとんどなので、皆さんがおっしゃったように、コミュニケーション能力だとか、やってみるという気持ちがわりとないということが問題だと思う。逆に、それを解決すれば、もっといろいろな需要に応えていくことができると考えている。

在庫管理の難しさ

東泉：私の意見とは少し違う。我々製材所は、つくっておくお金がない。今日、国内の工場には、いろいろな工場がある。ヨーロッパやアメリカ、カナダ、オーストリアでは、規格がだいたい 2 ×（ツーバイ）か、1 ×（ワンバイ）だ。日本の場合は、安成さんは規格を絞り込んでいるが、設計屋さんのこだわりで、建築方法をいろいろ考えてしまう。それに合わせていたら絶対にできない。

我々を回転寿司屋にたとえると、コストを追求しながら、たくさん並べて、必ずその中に何％か良いものを入れる。それを使い分ける工場とすみ分けをしないと、川畑さんがいつ買ってくれるかわからないのに、たくさんの在庫を持つことは難しい。

新しい住宅市場の開拓

座長：安成さんの資料にある「オーガニックハウス」を興味深く感じた。国産材が他の市場、他のセグメントに食い込むため

といった戦略もあると思う。この 10 ～ 20 年くらいに、その部分が成長してきたということは、国産材を使ってもらう意味として非常に大きいので、ここがもっと成長するのかどうか。

安成：いわゆるオーガニック住宅（自然素材型住宅）というのは、あくまでも国産材で、しかもできれば天然乾燥に近い乾燥方法で CO_2 の少ない加工をした木材を構造材として、内部も漆喰や珪藻土で壁天井を仕上げ、床は無垢材といった住宅だ。

その市場が大きくなるかということについて、例えばお客様のニーズがあるかどうかということだが、私は社会のニーズは高いと思う。さらにいうならば、我々の仮説でもあるが、健康との良い相関関係があると考えている。

座長：素朴な産直住宅は、国産材で、近くの木で家を建てませんか、ということなのだと思う。ただ単に国産材であるということに意味があって、売れる部分は限られていて、もっとそれを広げていくためには、そこに健康とか、省エネとか、いろいろな消費者が納得いくようなものに繋げていかないといけないと思う。

国産材＋アルファ

安成：まさにそのとおりで、産直住宅が当時うまくいかなかったのは、最終的にデザイン的におしゃれではなかったからだと思う。我々の業界は、今、本当に難しい。企業の大小を問わず、企画力も商品力もデザインも施工力も、営業力も何もかもがある一定の水準にないとダメだ。大手はよい

第3章　国産材ルネサンス！

にしても、小規模工務店ではこの部分はとても難しい。

武田：住宅市場の今後としては、人口減少とか、住宅は既に充足されているし、世帯数も減っていくだろうということで、100万戸は切って推移すると思う。もちろん、消費税が導入されるから、前のように急に駆け込み需要で跳ね上がることはあるかもしれないし、その反動などもあるかもしれない。

　住宅の需要ばかりを私は注意して見てきたが、やはり住宅以外のものも見る必要があるということで、ファミレスとか、食堂なども、今後、木材を積極的に使っていけるような分野ではないかと思っている。それと、安成工務店さんも参加している、顔の見える木材での家づくりという一つの流れがある。そこでは国産材利用は、ほぼ確実に行われているし、健康面でも消費者に対してPRされている。そういうグループの流れがあると思う。

　その対極にある、大量生産の大手住宅メーカーも、最近は国産材のほうに少し顔を向けてきたという状況ではないかと思う。ただ、大手の場合は、為替とかで再び外材のほうへ戻っていく例も今まで見てきた。国産材を社会貢献で活用していこうという流れができているので、定着すればいいと思っている。

座長：その辺が試金石になるというか、為替が上がった時、分が悪くなった時に、どうなるか、引き止められるのは何なのかということを追求していかないといけないと思う。

認証材は有効か

フロア：FSC認証について質問したい。国産材だから売れるのではなくて、それにプラスするものがないと、高い値段では客は買わないと川畑さんは発言された。FSC認証は、違法伐採問題にも関わり、今後どんどん進めていかなければいけないと思うが、今、実際に客が買うか買わないかということにおいて、FSC認証は、製材する側と販売する側にとって、イメージとしてインパクトがあるかということについて、伺いたい。

川畑：確かに、大きな会社では自社の施設にFSC森林認証材を使うことがある。また、会社のPRとして、付加価値として使われるところもある。

　国産材に切り替えてみよう、外材とか材料に対して特にこだわりはなかったけれども、とりあえず試みとして、材として使うのであれば国産材を取り入れてみようと、それくらいでも思ってくださるのはありがたい。そういう会社の方は、もちろんFSC森林認証材を使いたいけれども、例えば広葉樹が希望だが、そういう材料がないとか、自分たちがほしい材料、例えばFSC森林認証材がいいけれども、それが手元に渡って商品になる前にFSC森林認証ではなくなる場合がある。

　結果的には、まずは国産材で、価格も許せる範囲でということで、使っていただいているところがあるので、FSC森林認証材を実際に使ってほしいけれども、そこは結構厳しいところがあると感じている。

安成：私もSGEC認証を今から5～6

123

年前に取得した。最初に安成工務店が取得し、次に自社のプレカットである株式会社エコビルドと木材供給元である株式会社トライ・ウッドも取得した。

一部の部位で認証材を使っていることをPRしているが、お客様の捉え方は、やはりインセンティブがないので、アピールほどには関心は低いといえる。

「繋ぐ」仕事の将来性

座長：最後に需要と供給のコーディネーター役の話に移りたい。

まず、川畑さんのビジネスモデルは何なのかということがよくわかっていない。例えば東泉さんは製材業、安成さんは建設業だが、川畑さんのビジネスは業種がよくわからない。さらに、これはビジネスモデルとして成り立って、会社が別にたくさんできるのか、そのあたりはどのように思うか。

川畑：私も始めて5年なので、今もくる仕事に対して、「やってできるのかな？できた」という、常にこの繰り返しだ。最初に始めた時は、夫と微々たる貯金で始めたという本当に小さな会社で、今は一人だが、結果的に今4年目で、売上げも数千万円になった。私と同じような仕事をやっていれば、それは億単位になって、100人やっていれば数十億円とか、結構な金額になると思っているし、一人でやっているだけでも、かなり需要があると感じている。いろいろな方が知っているような会社でも、例えばCSRについて話すと、大きな企業ではだいたい企業で森を持っている。それで社会貢献してアピールしている。植樹祭

とか間伐などいろいろなことをしているが、その行き先がない。間伐しても、その間伐した木はどうするのか。皆さんおっしゃっていたように、木はたくさん余っていると思う。戦後に植えた木が、今たくさん育って、供給側はすごくたくさんあり、どちらにも補助金が回っている。例えば最近だと、木材エコポイントだとか、港区がやっているユニフォーム（自治体から産出された木材であることを証明するuni 4 mマーク）とか、少しは出てきている。使った側にインセンティブではないが、使ったら良いことがあるとか、そういうことがないと、もっと広がらないのではないか、と思う。

国産材も使ったほうがいいのだとわかっている。ただ、どうやって使えばいいかとか、そういうことがわかれば使うという企業の方はたくさんいると思うので、私もどんどん広がっていけばと思っているし、広がるようにいつも感じており、すごく未来のある仕事だと思っている。

コーディネーターの条件

座長：川畑さんと同じような仕事をするには、どういう資質が活きてくるのだろうか。

川畑：私も別に専門的なことを学んだわけではなく、普通に大学を卒業しただけで、全く木材の知識はなかった。ただ、たまたま家に父という先生のような林業経営者がいるので、お客様からの質問に対しては、的確に間違いなく、嘘なく答えられるということはある。例えば、お客様が何か

リクエストされた時に、それ以上の答えを提案できて、それが実現できるというような、頭に描けるものを常に、それは父や、いろいろなセミナーを受けて、そういうことで知識をつけつつ、後は、地域の製材所の方と、かなりうるさいデザイナーの方とか、そういう人たちが直接ぶつかったら絶対に実現しないようなところを、うまくお互いの意見を合致させていって、一つの商品を創り上げていく。

私が言うのも何だが、コミュニケーション能力があるといい。やはり、デザイナーさんが言うことに対して、必ず「そんなことはできるわけがない」と言うのが製材所の方とか職人さんの意見なので、そこを「できないと言われました」では全く商品にならないので、そこをうまくコーディネートしていくことが大事だと思う。うまくコーディネートしていくことができれば、仕事はいくらでもあると思う。

国産材の将来性

座長：いくらでもあるというのは、すごい。需要側と繋がっていくために日本の林業はどのような経営をしていったらいいのか、それと繋いでいくうえでの難しさ、さらにチャンスはある、面白い仕事だという話を、最後に一言ずつお願いしたい。

武田：山の経営として、長伐期の山をつくっていくというような話もあるが、資源の循環を考えれば、やはり複層林などの形が見えてくるような気がする。山の経営については専門家ではないので、その程度しか言えない。

最後の一言としては、政策面を見ても、山側のほうが重視されていると思う。消費対策ということは幅が広いのでなかなか難しい面もあるが、つくった製品をどこでさばいていくかということになれば、消費対策がやはり重要になってくると思う。

私ども日本木材総合情報センターでは、国の補助金を受けて木づかい運動を行った。毎年10月は木づかい推進月間ということで、集中的にイベントをやってきたが、果たしてその効果が出ているのかということも、なかなかはっきりはしない。やはり消費対策について頑張っていかないと、国産材の事業は難しい。

東泉：私も山を持っているが、私はやはり60年等の長伐期ではないサイクルで回すべきだと思う。私の工場は17あるが、36cm以上の丸太は必要とされていない。山を購入してきたが、最近はもう山はほしいとは思わない。なぜなら、あの山もこの山も、私のところにくると思うからだ。今の原木市場には、私がやっている4倍くらいの原木があると思う。だからこそ、山側には、再生産できるきちんとした林業経営が必要だと思う。

安成：私たちが木の家をつくり始めて18年が経つ。トライ・ウッドが創立約20年で、安成工務店と一緒に成長してきたと感じている。安成工務店とトライ・ウッドのモデルというのは、一つの成功モデルになりうると思っており、とても良い感じで私たちのビジネスモデルはできている。そういう意味からすれば、東泉さんのところのモデルもそうでしょうし、川畑さんのと

ころのモデルもそうでしょうし、きちんと
それぞれのモデルがあるわけだから、例え
ば、成長する産業というのは、スターを輩
出するし、スターを創れる。衰退する産業
というのは、スターも出てこないし、たま
に出てきてもスターにさせられない。だか
ら、林業業界は、やはりスターを創って、
モデルを政策的に試みることは、必要だと
思う。

それはなぜかというと、現在は昔の高度
成長の時代のビジネスモデルとは全く違う
社会になっているからだ。新しいプログラ
ムがあるにもかかわらず、考えない習慣が
身についてしまっているような気がする。
我々の業界でも、今は大きなチャンスの時
である。住宅需要が減っても、本当はそこ
にフォーカスを当てて、新しいビジネスモ
デルを若い方が経営したらよい。しかも、
おまけに健康が絡んでくるだろう。そうな
ると、一番やっかいな問題である高齢者医
療費の問題を解決できるのが木の家だとし
たら、すごいと思う。

川畑：私の場合は地方の林業を中心とし
た産業と、都会の一つのものを創り上げる
ところとを繋ぐ仕事だが、そこを繋げるの
は難しい。何が難しいかというと、意見と
か考えを合致させていくことである。しか
し、難しい仕事というのは、その分本当に
やりがいもあって、難しさがあるからそこ
に楽しみもあり、それはすごく楽しい仕事
だと思っている。国産材を使うことは、誰
が聞いても良いことだと思うので、いくら
でも広がる仕事だと思う。

今はそういう時代というか、付加価値に

目がいったり、企業が山を持ったり、いろ
いろな人がそこに注目しているので、そこ
でどうビジネスにしていくかということ
は、本当に未来があって、楽しくて、みん
なが良い仕事と感じているので、そんな綺
麗事で済まされないといえばそうだが、す
ごくやりがいがあって、いろいろな方に良
いと思っていただきたい仕事だと思う。

座長：皆さんご存じのように、日本は森
林率が高い。それから、人工林率もすごく
高い。狭いところに森林として人工林がも
のすごくたくさんある国だ。それだけでは
なく、GDPを国土面積で割ると、日本は
ものすごく高い。

それはつまり、狭い国土の中に、非常に
活発な経済と、豊富な森林資源が同居して
いるということだ。こんな国は世界中見て
も、ほかにはない。ただ、そこがうまく繋
がっていない。しかし、絶対に可能性はあ
ると思う。そういう活発な経済の中で、何
とか森林資源を取り込んでもらったらすご
くいいと思うが、なかなかそこがうまく
いっていないのが現状である。

しかし、今日の話を聞いていて、やはり
チャンスはある。いろいろな意味で、そこ
はまだまだやっていない、ビジネスチャン
スがあるのではないかということを、私は
感じた。

大変前向きなご意見をいろいろと聞くこ
とができ、林業で国産材の世界は、なかな
かそうではないということが多かったが、
やはり変わってきたと感じた。報告者の皆
さん、会場の皆さんに御礼申し上げる。

第4章 森林と食のルネサンス
創る・楽しむ・活かす 新たな山の業(なりわい)

日時　2014年10月11日(土)
場所　東京大学弥生講堂

報告者

齋藤 暖生
東京大学

村井 保
宇都宮大学

石崎 英治
NPO法人伝統肉協会

加藤 トキ子
谷口がっこそば

矢房 孝広
宮崎県諸塚村役場・ウッドピア諸塚

パネルディスカッション座長
関岡 東生　東京農業大学

第4章　森林と食のルネサンス

> 第1報告

特用林産と森林社会
― 山菜・きのこの今日 ―

齋藤　暖生（東京大学）

　私は卒業論文から博士論文に至るまで山菜・きのこ採りの研究を続けてきた。私がこの研究を始めたきっかけは、森林と人の繋がりが薄れていく中で、なぜ山菜・きのこ採りのような深い森との繋がりが今に続いているのか、という疑問を持ったためだ。本日は、ビジネスとしての側面にもふれ、森林社会における山菜・きのこ資源の活用について考えてみたい。

山菜・きのこの資源特性

　まずは山菜やきのことはどんな資源なのかを確認していく。全国各地で山菜・きのこは利用されてきた。ただし、全国的に利用されているものもあるが、全国に分布しているにもかかわらず食べる地域と食べない地域に分かれるものもあることに注意したい。例えば、ツクシ（スギナ）は全国分布するが、北日本では山菜と見なされていない。世界的に見ると、きのこを好んで利用する地域としないところがあり、前者はマイコフィリア（*mycophillia*）、後者はマイコフォビア（*mycophobia*）と呼ばれる。日本人は前者に属するきのこ好きな民族である。こうした事実は、ある地域で利用されている山菜・きのこは、その地域の人々によって選び取られてきた文化的存在であることを意味している。

　では、山菜・きのこのどのような点が人々によって評価されてきたのか。総じていえるのは、山菜・きのこはカロリーが低い食材であるということである。山菜として利用される植物の一部は「かてもの」と呼ばれ、食糧難の際に食事の量を増やすために用いられたが、これは通常の山菜料理と料理体系を異にする。山菜・きのこは、「食い繋ぐ」ためでなく、味・食感・香り

を求める嗜好品として利用されてきたのである。

　次に、流通の観点から山菜・きのこ資源の特徴を確認する。天然の山菜は、輸送の間に萎れてしまったり、収穫時よりも伸びて固くなってしまったりする。きのこは虫食いによって傷んでしまうことも多い。このように山菜・きのこは採取されてからの品質保持が困難である。マツタケやマイタケは比較的肉がしっかりしているきのこなので江戸時代から流通していたが、長らく流通してきたのはゼンマイやシイタケなどの乾燥品であった。また、天然の採取物は、収量や規格の安定性にも難がある。発生時期はその年の気候条件等によって異なり、「採り頃」も非常に短い。栽培はこうした困難を解消する一つの手立てになりうるが、ワサビ、ウド、シイタケ等を除いては、そのような試みはなされなかった。

　こうした事情から、山菜・きのこの流通は限定的で、自給的な利用が中心だった。この自給的な利用が地域にもたらしてきた恩恵は無視できないものである。人々は天然の採取物を当座の食材として利用するだけでなく、保存し、正月や盆などのハレの食に利用してきた。いわば「ごちそう」であった。山菜・きのこの採取が続いてきたことには、採取自体にひそむ娯楽性がある。採取には様々なノウハウが必要で、彼らは推理ゲームのように採取を行い、「立派な」あるいは「貴重な」ものを採ることのできる人は社会的名声を得ることができる。また、ごちそうの食材でもあるから、女性たちは村の集まりやお祭りなど饗食の場に山菜・きのこ料理を供す機会があり、そこに良い料理を提供すればやはり社会的名声を得ることができる。また山菜はお裾分けの対象でもあるので、人と人との繋がりの結節点となり、地域社会のコミュニケーションにとっての重要な媒介となってきた。

山菜・きのこの栽培技術の発展

　最近になると、こうした山菜・きのこを確実に手に入れるために栽培方法が確立されてきた。このことは、収量と品質の安定に大きく寄与し、今では山菜・きのこが青果市場で一般的に流通するようになっている。大きな流れを確認すると、山菜に関しては1980年代以降、促成栽培という方法が一部地域で根ざし始め、今では流通品の主流となっている。きのこに関しては明

治以降、近代科学が入ってきて、顕微鏡での観察が可能になると、種コマを打つ栽培方法が確立され山村の収入源になった。今は菌床栽培が主流となっている。

　山菜の促成栽培は、ギョウジャニンニクやウドなど様々なもので行われている。当初は山採りの株を植える方法が一般的だったが、現在は品種を改良・固定してそれだけを栽培する方式がとられている。この栽培では、株を農地で育ててからビニールハウスなどで促成処理を行うという方法がとられており、株を育てるバックヤードとして比較的広い農地が必要である。山菜を栽培するためには、ある程度の低温で一定期間以上の休眠をさせる必要があるので、雪室をつくることのできる雪国は栽培に比較的有利な条件を備えている。早いところでは12月頃には出して正月には出荷する。この栽培方法によって旬の先取り、高価格販売が可能になっている。さらに品種改良も行っているので、品質の安定化も図れる。ただし、このような栽培方法では、もはや森林の要素は活かされない。さらにバックヤードとしての農地が必要なので、耕地の狭い山村は栽培に有利とはいえない。

　次にきのこに関して、菌床栽培がいかに主流になっているかを確認する（図－1）。菌床栽培の比率（折れ線）を確認すると、現在のシイタケは90％以上が菌床栽培で、ナメコの場合は早い時期から9割を超える割合で菌床栽培が取り入れられていたことがわかる。菌床栽培では、培地（菌床）はおが粉を主な基材とするが、ふすまやぬかなど多くの栄養材、添加材が必要になる。エノキタケの場合はコーンコブが主原料になっていて、一切おが粉を使わない栽培方法も生まれている。人工環境下で栽培するので温度、湿度、光がコントロールされている。これによって生産量と品質の安定が確実なものとなっている。ここでもいえるのは山村地域の強みが消え失せて、むしろ不利な状態になっているということである。例えば、日本のきのこ大手の会社の工場を地図上にプロットすると高速道路など幹線沿いに立地している。こうした効率化によって、消費者にとってはうれしいことであるが、価格は、低位安定している。以上を踏まえ、山村の中で山菜やきのこを活かした産業・ビジネスをどう考えたらよいか、意見を述べてみたい。

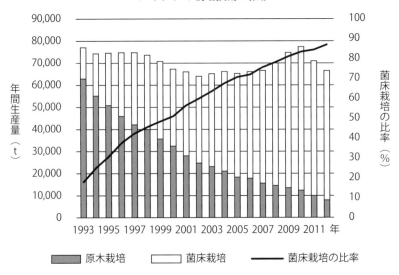

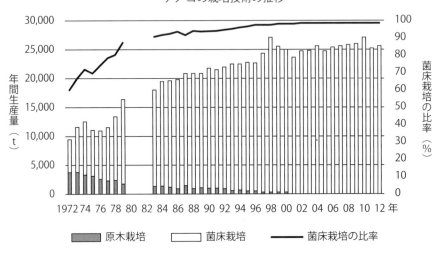

図-1　栽培技術別に見たシイタケ（上）とナメコ（下）の生産量
出典：林野庁『特用林産基礎資料』、『特用林産物需給表』
中村克哉編（1982）『キノコの事典』朝倉書店

山村と山菜・きのこビジネス

　これまで見たように、山菜・きのこの資源特性として収量・品質の安定の点で流通に難があり、近年の栽培技術の発展はその難点をカバーしてきた。こうした点を踏まえ、山菜・きのこビジネスのあり方を概念的に俯瞰すると図－2のようになる。山菜・きのこへの管理（関与）の度合いに従って、商品としての完成度は高くなり、現在は右上端に位置づけられるようなビジネス形態が主流になっている。しかしながら、こうした主流のビジネス形態は、必ずしも山村の強みを活かすものではない。本日は、山村の強みを活かしていると思われる山菜やきのこに関係するビジネスについて2事例を紹介する。

　一つ目は新潟県魚沼市で行われている庭先集荷サービスである。これはあるNPOが福祉活動の一環として2007年から始めている。彼らは高齢者の家を訪問し、高齢者が採取した山菜やきのこを買い取って回る。参加する高齢者は当初は20人程度だったが、今は200人ほどになっている。集めた山菜やきのこはNPOが仕分けを行い、箱詰めしてスーパーや産直に販売するが、主な出荷先は首都圏のチェーンの居酒屋である。NPO代表が販売先を模索したすえ、山村の地域福祉に理解を示すこのチェーン店との取引が生まれた。この取り組みの中では、月10万円稼ぐ高齢者もいる。山菜の難しい

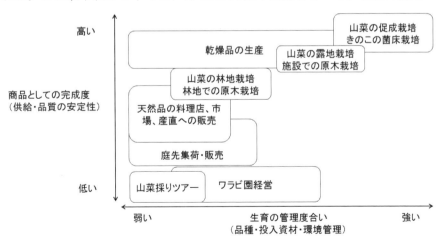

図－2　山菜・きのこビジネスの概観
出典：報告者作成

ところは、市場の旬が過ぎてから山菜の本当の旬が来るということである。しかし、この取り組みによって本当の旬が首都圏の消費者にも理解されつつある。この取り組みのポイントは天然の山菜・きのこが抱える流通上の難点をNPOの働きによりカバーしているということである。バラバラの品質のものを丁寧に仕分けすることにより商品として流通しうるようにしているし、正当な評価をしてくれる買い手も確保している。しかし、もっとも重要なのは地域社会の福祉向上に繋がっているということである。消費者に対しても、山菜の本当の旬を理解できるきっかけになっているという点も取り組みの意義としてあげられる。

　二つ目の事例は長野県小谷村における山菜採りツアーである。ここでは山菜・きのこの採れる山に対しては入山禁止という看板を設置してきた。しかし看板は観光地としてのイメージを損ねる恐れがあるということと、山菜の需要減少に対する危機感から、採取の過程も含めて山菜を楽しんでもらおうとツアーが開始された。このツアーを立ち上げたのは、地元の共有林野組合である。ツアーではワラビやネマガリタケを採る。このツアーのポイントは、資源の限界と、山菜資源を評価する人が少なくなってきていることを明確に意識したうえで活用方法を考えた点にある。この点については、後に詳述する。採る過程や食べる過程まで商品とすることで、消費者にとっても付加価値の高いサービスとなっている。またツアー参加者と地元住民の交流の場を設定している点も意義深い。

天然資源としての山菜・きのこを活かす道

　最後に、山菜ときのこの資源量について確認しておきたい。しかし山菜やきのこの資源量は統計がないので、他のアプローチから類推するほかない。奥地天然林の沢沿いは典型的な山菜採取地である。高木が疎で林床まで光が届きやすいことで山菜の生育地となっている。倒木や枯死木があればそこからきのこが採れる。伐採したところでは光が入るので、そこでも山菜が採れ、伐根や林地残材からきのこが採れる。薪炭林ではシメジやマツタケなどの菌根性のきのこが生えてくる。草地は特に日当たりを好むワラビの採取地となっている。

奥地天然林は戦後の一時期人工林に変えられた。天然林伐採直後は開放地と倒木がたくさんあるので山菜、きのこともに一時的に増産した。伐採跡地に植林され、林冠閉鎖すると山菜・きのこの発生量は減少していく。拡大植林されずに残った薪炭林は放置され、マツタケの例に見るようにきのこの発生量は減少していると考えられる。草地の多くも人工林に置き換わってきた。暫くは山菜が採れたが、林冠閉鎖すると採れなくなる。人工林が皆伐されることは今のところあまりなさそうなので、ふたたび山菜の生育地が生まれるようなことは考えにくい。このように、全般的に山菜・きのこ資源量は減少し続けて今に至っていると推認される。

林野庁の統計を見ると、山菜の生産量は減少している（図－3）。しかし、これを単純に資源量の低下を反映するものとして見ることはできない。輸入量も低下していることから（図－4）、山菜需要の低下という事実も踏まえておかねばならない。

天然資源としての山菜・きのこは、山村社会にとっての強みであるが、それを活かすために注意しなければいけないことは、第一に資源量には限界が

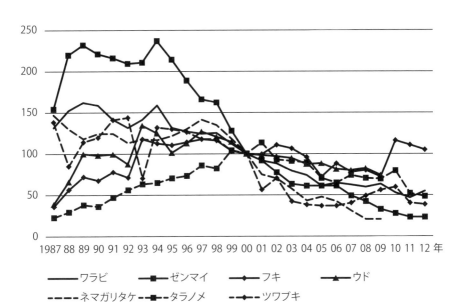

図－3　2000年を基準（100）とした山菜の全国生産量の推移
出典：林野庁『特用林産基礎資料』、『特用林産物需給表』

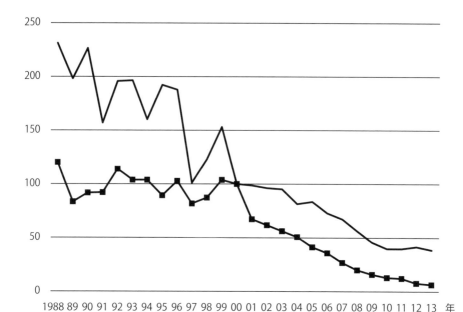

図-4　2000年を基準（100）とした山菜輸入量の推移
出典：財務省『貿易統計』

あり、かつその総量は以前よりも少なくなってきているということである。安易な安売りは資源量のさらなる低下を招きかねないため、なるべく多くの付加価値をつけることが肝要である。そのためには、山菜ツアーのような採取過程の商品化や、生産者と消費者を繋ぐ仲介者の働きなどが重要になってくる。また、山菜やきのこを本当に評価できる消費者を増やすことも課題としてあげられる。

　最後にいくつかの提言をしたい。一つは山菜採りへのガイド制の導入である。このような取り組みを通して、資源を守りながら山菜やきのこに本当に親しむ人を育てられるかもしれない。二つ目はふるさと納税制度の活用である。天然資源を外部者に開放する代わりに地域社会への一定の貢献をしてもらうという考えである。三つ目は、西洋料理に適するきのこなど、まだ十分に資源化していないきのこの需要開拓を模索することである。

〔注記〕本報告の一部は、JSPS科研費24710044の研究成果である。

第2報告

ニホンミツバチの蜜の再生産と森林資源

村井　保（宇都宮大学）

　私の専門は害虫の防除であるが、宇都宮大学に来た時にイチゴをつくるうえでミツバチが非常に重要であることから、ミツバチに興味を持つようになった。ミツバチには蜂蜜を生産する役割やリンゴやナシ、メロンなどのポリネーター（花粉の送粉者）としての役割がある。ミツバチがつくるものには花粉やローヤルゼリーなど様々なものがあり、販売されている。セイヨウミツバチの利用は明治以降であり、それ以降はニホンミツバチとセイヨウミツバチが共存してきた。近年の問題としてはポリネーターとしてのミツバチ不足がある。一つの理由としては、農薬の空中散布の影響がある。それとは別に、2008年頃にセイヨウミツバチの数が激減した時期がある。理由は、オーストラリアで流行したミツバチの伝染病である。これによって女王バチの輸入ができなくなってしまったので、ミツバチの数が減少してしまったのである。セイヨウミツバチの価格は、その当時上昇したまま高止まりの状況が続いている。なお、そのほかに、蜜ろう、花粉、ローヤルゼリー、プロポリスなどの生産、ハチ毒治療などもある。

　私はそのような時にイチゴの害虫防除の仕事をしていた。栃木県はイチゴの生産が日本一であるが、イチゴにはハダニという害虫がつく。一方、イチゴの生産にはミツバチの利用が欠かせない。しかし、ハダニを駆除するために農薬を使用すると、ポリネーターであるミツバチに影響が出てしまう。このような状況のもとで、農薬を使わずにハダニを駆除する方法を考えるというのが私の研究であった。

　4年ほど前から、ハダニに対する天敵を入れるという対策が考えられたが、農薬を散布すると天敵が死んでしまうという問題が起こっていた。私た

ちは炭酸ガスを使ってイチゴ苗を処理してハダニの発生源を断つという方法
を確立してきた。

　ニホンミツバチはトウヨウミツバチの亜種といわれている。セイヨウミツ
バチはポリネーターとして日本に生息している。この２種は、お互いの生息
を脅かすほど増加していない。増殖力はセイヨウミツバチのほうが高い。こ
れはセイヨウミツバチが育種されていることも関連している。一方、耐寒性
はニホンミツバチのほうが優れている。セイヨウミツバチは、寒さに弱く特
別な保護が必要である。蜜の生産量は、セイヨウミツバチのほうがはるかに
多い。採蜜する植物も異なっている。ニホンミツバチは定着性が低いので、
飼育していてもどこかに行ってしまうことがある。ニホンミツバチは、多様
な植物から蜜を取ることができるので、花を探す能力は高いといえる。その
ため、ニホンミツバチが取ってくる蜜は百花蜜と呼ばれる。一方、セイヨウ
ミツバチは、一つの植物から集中的に蜜を取ってくる。また、ニホンミツバ
チは、セイヨウミツバチよりもオオスズメバチに対して抵抗力がある。

　ニホンミツバチとセイヨウミツバチがどのような植物から蜜を取るかを調
査するため、宇都宮大学と周辺市町村が遊休地を利用してミツバチを繁殖さ
せる実験を行ったことがある。その結果、キンリョウランというランがハチ
の集まる植物であることが判明した。そのほかの蜜源植物としては、トチノ
キやケンポナシという木がある。宇都宮大学構内にはケンポナシの貴重な木
がある。ケンポナシは、７月頃に花を咲かせ、秋に実ができる。このケンポ
ナシの種は、まいてみても発芽しない。

　ニホンミツバチの住める環境は、大きく変化している。植林によって、こ
のような蜜源植物は減少している。ニホンミツバチが都会に進出している例

植林によって蜜源植物が減少
・ニホンミツバチの住める環境が変化
・ニホンミツバチが都会へ進出
・農業地帯ではセイヨウミツバチと競合

ミツバチと環境
・農業生産現場における薬剤の影響 　ミツバチコロニーの崩壊
・生息環境への影響
・クロロニコチニル系薬剤の影響 　蜜源植物の減少 　蜂群の減少 　生息域の減少

第4章　森林と食のルネサンス

もある。また、農村地帯では、セイヨウミツバチと競合している。いずれにしても、ニホンミツバチの生息にとって良くない状態となっている。

　現在、セイヨウミツバチで問題になっているのは、ミツバチヘギイタダニである。これは、もともとはトウヨウミツバチにつくダニであったが、セイヨウミツバチにもつくようになった。ヘギイタダニの調査を行ったところ、秋になると大発生してセイヨウミツバチがやられてしまうということがわかった。大規模生産を行う農家では農薬を巣箱内に吊り下げて、ヘギイタダニの駆除を行っている。合成ピレスロイド剤という農薬が使われている。水田などでは特によく使用されている。一方、ニホンミツバチは、このヘギイタダニと共存している。

　ミツバチとその生息環境について概括していえば、農業生産現場における薬剤の影響が生息環境に影響を与えミツバチコロニーの崩壊に繋がっていることと、蜜源植物の減少により生息域が減少していることがあげられる。中

蜜源植物のいろいろ

ウツギ

タラヨウ

ウワミズザクラ

でも、生息域の維持・拡大は、重要な問題となっている。

　現在は、ミツバチが住める環境の創造を進めている。木本性の蜜源植物には、ウツギやタラヨウ、ウワミズザクラなどいろいろなものがある。宇都宮大学周辺だけでもシナノキ、ユリノキ、放牧地周辺のニセアカシア、カクレミノなどがある。

　農地については、生産調整で遊休地が増えている。山では昔放牧地があったところが空き地になっている。私はそこに蜜源植物を植える活動を行っている。ウツギやユリノキ、シナノキなどが蜜源植物となる。

　このような植物を継続的に観察して、どの花にハチがよく集まるかを見ていきたいと考えている。特に里山にはそば畑があるが、秋口には、そばの花の蜜をたくさん取ることができる。そば畑にはオオスズメバチが集まるので、オオスズメバチをよけるためのハウスをつくる必要がある。ミツバチにそばの蜜を吸わせると冬の越冬に必要な栄養が得られる。越冬後は春の栄養源を獲得しなければいけないため、春のミツバチはナノハナから蜜を取る。ナノハナは、春の重要な蜜源である。初夏にはユズなどから蜜を取る。

　ミツバチの蜜の恵みは大きい。蜂蜜は昔から貴重な糖質であった。蜂蜜の中では酵母などは活動しないが、水で薄めれば発酵するのでお酒をつくることができる。このようにしてミツバチの住める環境を創り上げていけば、地域の恵みを活かした産物が得られるのではないかと期待している。

第4章　森林と食のルネサンス

第3報告

獣害対策と食文化の復興
—ジビエレストラン経営から—

石崎　英治（NPO法人伝統肉協会）

　私はジビエレストランを経営しているので、その経験に基づいていくつか獣害対策についての話をさせていただく。
　私は北海道大学農学部で環境資源学を専攻し、林学を学んだ。狩猟免許の第一種を取得している。
　現在、私は四つのジビエ関係の仕事に携わっている。1番目は、レストラン向けのジビエ肉の提供である。北海道のエゾシカ、ニホンジカ、イノシシの肉を扱っている。扱う肉の大半はエゾシカ肉である。顧客開拓は口コミで行っている。2番目の仕事は、コンサルティング事業である。日本総合研究所でのキャリアを活かして社会インフラづくりに貢献している。地域の処理場への経営コンサルティングや大日本猟友会での「目指せ、狩りガール」という企画を立ち上げている。3番目としては、エゾシカフェというジビエレストラン兼アンテナショップの経営を行っている。この店は週1回の営業だが、ハンターや鳥獣行政関係の人たちが訪れる面白い店になっている。カフェを経営する動機には、野生鳥獣の問題をメディアに取り上げてほしいという思いがある。鳥獣被害などのネガティブなことばかりに焦点が当たるのは、せっかく食べ物を扱っているのにもったいない。もっとポジティブな話題として扱ってほしいという考えから、カフェの経営を行っている。4番目として、NPO法人伝統肉協

エゾシカフェの看板

141

会の運営を行っている。これは、一般の人への普及啓発を目的として運営しているNPO法人である。

エゾシカのステーキ

現在、鳥獣被害が大きな問題となっている。一方、ジビエを出すレストランの数は、顕著に増加している。さらに狩猟に興味を持つ若者の数も増加している。野生鳥獣は確実に増加しており、農業被害と林業被害と環境被害が主な野生鳥獣被害となっている。農家の届出によれば、農業被害額は年間240億円になっている。これは、日本の農業生産額全体の0.3%を占める額である。この数字が大きいか小さいかはともかくとして、当事者の農家にとっては大きな被害であることは間違いない。林業被害は金額換算が非常に難しい。環境被害も金額換算は難しく、誰も判断がつかない。

私の大学時代の研究室には野生動物の研究などを行っている人も多くいて、エゾシカを食べる機会も多かった。そのような環境の中でシカの獣害が問題になっていることを知り、それではシカを食べる仕組みを創ってしまえばよいと考えたが、当時は流通問題もあり、ビジネス化は難しかった。大学院を出て、日本総研に入ったが、しばらくすると北海道庁がエゾシカ処理マニュアルを作成し、それに準拠した食肉処理場ができるようになり、エゾシカ肉の流通の可能性が出てきた。今では各都道府県が同様のマニュアルをつくったので、流通業としてジビエ肉で生計を立てることが可能な環境が整った。

増えすぎた野生動物の個体数を調整する方法としては、三つの方法がある。1番目は攻撃することである。すなわち、被害が出なくなるまで生息数を減らすことで被害を抑えるという方法である。2番目が防御すること、3番目は撤退することである。攻撃においての出口の一つは、肉を有効活用することである。食肉は処理場で処理し、消費者に届ける。処理場が処理する頭数についていえば、年間で1,000頭程度処理しなければ採算がとれない場

合もある。攻撃のもう一つの出口としては廃棄処分がある。自治体によっては、わざわざ処理場をつくって営業コストをかけるよりは廃棄処分をしたほうがよいと考えるところもある。

　防御の方法の最も一般的なものとしては柵があるが、柵は維持管理を続けなければいけない。その維持管理の費用と労力を誰が負担するかは大きな問題である。撤退は高齢化や過疎化で集落の維持が難しくなる中で獣害が拡大する状況では場合によっては最良の選択になりうる。しかしながら撤退をすると、そこは耕作放棄地となって野生鳥獣のフロントラインを構成してしまう。結果として獣害の被害を受ける地域を拡大させていくことになるので悩ましい問題だ。

　野生動物を食べる文化は今に始まったものではない。江戸時代から「薬食い」と称して野生動物を食べていた。こうした文化は明治以降一旦廃れてしまったが、教育というレベルから徐々に復興していきたい。そこで我々は、小学校を対象にしたシカ肉関係の教育活動も行っている。具体的には東京の杉並区の学童保育の生徒向けにシカ肉を解体して食べるワークショップを開催している。子どものほうがシカ肉の解体に対しては興味を持ってくれるようだ。

エゾシカ料理教室

子ども向けのエゾシカ教室

　最後に課題を提示する。山側の課題は、衛生面の問題である。昔は狩りで獲ったものは地域で分けるという慣習があった。しかし、今の基準では食品衛生法上の問題がある。野生鳥獣肉といえどもレストランや一般消費者は衛生的なものを求めるため、肉を供給する山側としても、安定して衛生的な肉を供給する努力をしていく必要がある。流通・消費側の課題は、ハンターからレストランへの肉の直送という流通を改めることである。このような流通方法は衛生的に問題が大きいのでなるべく行わないのが望ましい。

　このように安定供給を要求する需要側と安定供給は難しいと考える供給側のすれ違いが大きな問題だ。両者が歩み寄っていく必要がある。需要側は安定供給が難しいということを認識する必要がある。供給側は、複数の処理場が協同出荷を行い、共通のガイドラインを作成するなど、協力体制を確立していく必要がある。

　最後に、都市生活者に求められることとしては、シカや野生鳥獣に関する多面的な理解を深めていくことがあげられる。いまだにシカを殺したり食べたりするというと、残酷だという批判を受ける。あくまでも資源の有効な利活用であることを認識してもらえたらと思う。まずはお店に行ってシカ、イノシシを食べてみてほしい。

第4報告

過疎・高齢社会と食起業
―谷口がっこそばと母さんパワー―

加藤　トキ子（谷口がっこそば）

　私は農業をしていて、田んぼ10haと和牛90頭の飼育をしている。私の住んでいる山形県金山町飛森には、NPO法人四季の学校・谷口があるが、この運営は、この地区内外の人間が行っている。このNPO法人に、私は谷口がっこそばの経営スタッフとして携わっている。本日は私のNPO法人四季の学校・谷口での取り組みについて紹介したい。

　私がこのNPO法人、特に谷口がっこそばに関わることとなったきっかけは、大場先生との出会いであった。大場先生は金山町立金山小学校谷口分校で20年以上にわたって教鞭をとってきた人である。大場先生は若妻学級を開講して、私たちにバレーや綱引きなど様々なことを教えてくれた。その中の取り組みの一つがそば打ちであった。私にはそば打ちの経験はなかった。

廃校を利用した「谷口がっこそば」

　大場先生は私たちにそば打ちの先生として成田先生を紹介してくれた。成田先生は東京から5回にわたってそば打ちを教えに来てくれた。

　そして、先生からそば打ちを教わったすえに、私たちはそば屋を開業したのだが、その時のメンバーの平均年齢は62歳であった。皆そば打ちの経験はなかった女性たちだったので、最初はうまく打てないことばかりで

あった。それでもお客さんに直接、感想を聞きながら営業を続けていた。最初は店が3か月持てばよいなと思っていたが、だんだん東京からもお客さんが来てくれるようになり、今日まで何とか店を続けることができている。

秋も深まった頃、東京からお客さんが来店し、「ちょっと来て！」と言うので外に出てみると、外では初雪が降っていた。お客さんは「きれいですね」と言っていたが、その当時の私にとってこの時期の雪は当たり前の光景であった。しかし、お客さ

笑いが絶えない「谷口がっこそば」

んに促されて改めて景色を眺めてみると、確かにとても美しい景色であることに気づいた。それからは春の桜の時期、青葉の時期、秋の紅葉と、今まで見過ごしてきた地元の四季の景色の豊かさを感じることができるようになった。

開店から1年ほどが経ち、お客さんも少しずつ来てくれるようになった頃、町役場の人から農林水産省の職員研修の一行を四季の学校・谷口に宿泊させてほしいと依頼があった。どんなふうにもてなしたらよいのかわからなかったが、役場の人からは「あなたたちがいつも食べているようなものを出してくれればそれでよいから」と言われたので、山菜や野菜をたくさん使った鍋料理をつくって、食べてもらった。職員の皆さんは、そのような料理は今まで食べたことがなかったようで、いたく感動してくれた。彼らが別れ際に言った「1週間の研修でここが一番心に残ることとなるでしょう」という言葉は本当にうれしかった。田舎料理がこんなに喜ばれるとは思っていなかったが、この時から自分たちの田舎料理に自信が持てるようになった。

冬の間は交通の便が悪くなってしまいお客さんの数が減ってしまうので、地域の伝統料理を後世に残すため、料理教室を開講してきた。また、谷口が

第4章　森林と食のルネサンス

っこそばへの来客者の中には四季の学校で出会って結婚した人もいる。「お嫁さんがいれば金山に来てもいいけど」と言う人がいれば、私が仲人をしてあげたこともあった。もちろん披露宴は「がっこそば」で行った。

　ある時には82人ものお客さんが来て、食器が足りなくなったこともあった。途方に暮れてしまったが、知り合いなどに「どこの家庭にも食器はあるはずです。何とか力を貸してください」と言って食器を持ってきてもらうように頼み、食器を集めて料理を提供することができた。この時は父がよく言っていた「仕事は手先ばかりでやるものではなく、頭でやるものだ」という言葉を思い出したものであった。お客さんも喜んでくれたようであった。

　最後になるが、この17年間そば屋を経験して思うことは、外からの声や気配りが、私たちの暮らしに自信を与えてくれたということである。また、地域内部にとどまらずいろいろな場所に出かけて挑戦ができたことも良い思い出となっている。さらに、どの取り組みでも仲間と協力し合いながら楽しく取り組めたことも良かったと思う。定年のない谷口がっこそばで、いつまでもそば打ちを続けられたらな、と思っている。

147

第5報告

FSC 森林認証の森の恵み
―都市と山村の幸せの邂逅―

矢房　孝広（宮崎県諸塚村役場・ウッドピア諸塚）

　私たちは宮崎県諸塚村の森林を守りながらその恵みとしての食を活かす活動をしている。今回は、諸塚村の森林・林業振興の取り組みと、その延長線にある食に関わる取り組みについて紹介していきたい。

　諸塚村は九州山地の中央に位置している。諸塚という名前は、古墳、すなわち塚のたくさんある土地という意味であり、神話のふるさとの地域といえる。山の資源は非常に豊かで、50年ぶりの桜の新種のモロツカウワミズザクラ等の貴重種も多く分布している。しかし、この豊かな森も全国の山林で広がるシカの食害などにより消滅の危機にさらされており、いかに森林環境を保全するかが大きな課題である。

　諸塚村は、1907年に林業立村を宣言して、林業を中心とした産業振興を百年以上続けている。森林面積は村土の95％を占め、その86％が人工林であり、ほとんどは民有林である。拡大造林の時期も諸塚村では適地適木政策のもとで不必要な林種転換を行わなかったので、林相は落葉広葉樹、針葉

諸塚村
- 九州山脈中央に位置する旧高千穂郷
- 神山・諸塚山を中心に標高1,000m級の九州脊梁山脈
- 林業を主産業とする「林業立村の村」
- シイタケ栽培の発祥の地（17世紀）

第4章　森林と食のルネサンス

モザイク模様をなす諸塚村の山々

樹、常緑樹のモザイク模様をなしている。集落は点在する狭い平地に分散して立地している。

　産業では、木材、シイタケ、お茶、ウシの四つを主要な産業として指定し、これらを複合的に組み合わせている。他地域に多く見られる単品種の生産は、地域の生態系を含め、適地適作であるべき農林業の本来の姿を破壊しがちである。複数の品目を複合的に組み合わせることで生態系と経済性を両立させている。また、木材が非常に高かった昭和30年代、林地の所有権が村外へと分散しない対策をとった結果、80％以上の林地が村内者の所有となっている。

　後継者問題では、ウッドピア諸塚という第三セクター組織を運営して林業の担い手を確保している。現在、同団体には28人が所属しており、林業の担い手になるとともに、集落の後継者ともなっている。

　諸塚村は、人や地域資源を活かす手法で成果をあげてきている。戦後の日本はお金を追いかけてきたが、農山村地域が都市と同様にお金を求めるのならばそこに住む意味はない。農山村で生きることは、物的充足から精神的充足を志向することにほかならない。地方にとっては、人の活動に伴って道具としての貨幣が動く「小さな経済」を目指すことが、安心安全で人を大切にする地域運営に繋がるであろう。

　諸塚の原則は三つある。一つは自然との共生である。経済性は二次的要素にすぎない。二つ目は、人と地域や産業など、そこにある資源を活かすこと

である。三つ目は、持続可能な事業に取り組むことである。その場合、人を結ぶネットワークを重視していくことがポイントになってくる。東京などの大都市の経済力に頼るのではなく、顔の見える形で人と人を繋いでいくことが大切である。

諸塚村産直住宅

　林業の世界では、マーケッティングでいわれる「川上」と「川下」の分断が最大の問題である。「川下」は、木材業界では工場をさす言葉になっている。本来なら、最終消費者は「施主」であるのに、市場の論理が優先され、ニーズという視点が欠落している。本当の意味で川上と川下を繋げていくべきである。

　諸塚村の取得したFSCによる森林認証は、10の原則と56の基準を充たす持続的な森林経営に対して与えられる認証である。諸塚村では森林認証研究会という村内森林所有者の大半が加盟する組織が認証を取得している。認証取得を目的にしてしまうと、その後の経済的な見返りばかりを求めてしまうが、認証を取る過程が最重要で、自分たちの森林がどうあるべきか、どう地域と関わっていくかを明確にすることができる。

　今回のテーマは食であるが、生き物と食べ物が繋がっていない現代社会では、食べ物がどんな行程をたどり食卓に並ぶかを理解する作業が必要である。種まきや収穫作業、ニワトリの解体などの農林業体験プログラムを実施している。主産業であるシイタケは、産地履歴（トレーサビリティー）が確立されており、世界で唯一FSCの認証を取得している。

　諸塚の食の特徴は、森にあるものを上手に活用し、そこに人が関わっていることである。シカ肉にせよ、山菜にせよ、蜂蜜にせよ、森の恵みをいただくことで成り立っている。大量に生産はできず、少量なので、都会に持っていくほどではないが、森への感謝の心を持って森の国・諸塚への来訪者とともに、皆で分かち合うことが、私たちの楽しみの一つである。

パネルディスカッション

昭和30年代にかけて起きた食卓の変化

座長（関岡東生・東京農業大学）：私は1965（昭和40）年の生まれで、少年時代は、ある日突然、食卓にドレッシングが並んだり、オリーブオイルが出てきたり、ピザを初めて食べたり、家庭の食卓がどんどん変化していった時代。そのような生い立ちが私に食に対する強い興味を抱かせた。私の世代が、新しい味の登場を鮮明に記憶する最後の世代でもある。私より少し下の世代になると、そのような食材はもともと家にあった世代になる。私が生まれる前の食文化の記録を見ると、家庭の味噌汁は毎日具が違うことはなかった。各家庭に「我が家の味噌汁」があった。日によって味噌の味が変わったり、具が変わったりすることは、昭和30年代から40年代にかけて起こった変化。私自身、こうした変化を楽しみながら暮らしてきたが、振り返ると、食の多様化が本当に豊かな、幸せな生活をもたらしたのかどうかには疑問も覚える。そのようなバックグラウンドの世代なので、今回の座長も喜んでお引き受けした。

このシンポジウムは、「森林・林業・山村問題を考える」シンポジウム実行委員会主催のシンポジウムという形で、回を重ねてきた。ご登壇いただいた皆さんも、研究者の齋藤さんと村井さん、企業代表の石崎さん、諸塚村の産業課長の矢房さん、そして「名物母ちゃん」という肩書きの加藤さんとバラエティに富み、皆さんが扱う食材

も多様。多彩なもの同士の掛け合わせがきちんとまとめられるか、非常に不安であるが進めていきたい。

流通に支配された地域経済

齋藤暖生：矢房さんが話された流通に支配された山村経済という言葉に触発されて考えてみた。流通側の都合に合わせた生産とは、山菜・きのこ栽培にも当てはまる。もう一つ課題をあげると、最近主流の山菜・きのこ栽培では資材は外から購入する形が一般的。人工的環境を創るために、エネルギーも大量に消費する。このような生産では富は地域内で回らず、外部へ流出してしまい、持続性に疑問が残る。こうした問題の解決方法として山菜の林地栽培の取り組みがある。この取り組みでは、地域の資源をうまく利用して栽培を行っている。外に資材を求めずに栽培を行い、富が外部に流出することがない。栽培地は強度間伐をした森林を利用し、林業とも共存する。この意義は、流通に支配されず、地域の都合に合わせたものづくりができることである。

村井保：自分も初めて聞くことが多く、研究側と現場が連携できればもっと面白いことができるかなと思う。

石崎英治：流通には、地方と都市を繋げることでモノやカネを融通する役割もある。流通が地域経済を支配することがあってはならず、適切な役割を果たしていくこ

151

とが不可欠。

狩猟者の立場が理解されていないという問題がある。昔は狩猟者と農家、流通を担う人が同じだった。今この役割分担が進みすぎて不都合が生じている。一人がいろいろなことができるようになれば物事がうまく進むようになると考える。

加藤トキ子：齋藤さんがゼンマイについて言及したが、私の地域もゼンマイは高級食材。だからお客さんが来るとゼンマイを出す。私は昔語り調の話し方をするが、それは「がっこそば」に子どもたちが来た時に昔の話をすると喜んでくれるから。

矢房孝広：流通に支配されないという言葉は、巨大な流通システムに対する消費者のあり方、アンチテーゼとして使った。大規模チェーンストアのような大きな流通に生活必需品の過半を頼る状態から抜け出すべきだという意味で。一方、石崎さんの携わる小さな顔と顔の見える流通は、ぜひ残していかなければいけない。お金については、まず稼ぐことを第一に考えるとおかしなことになるが、それ以外のことを第一に考え、その後にお金を稼ぐことを考えると、うまくいくというのが私の経験則。

フロアＡ：村井さんに。蜜源植物について、特に有望だと思う植物があれば教えてほしい。

村井：蜜源植物は季節ごとに異なり、蜜のでき方も植物によって違う。宇都宮大学構内のトチノキは有望だが、大学構内の木はすべて花が咲く前に剪定されてしまう。工業団地周辺など剪定されていないトチノキからは多くの蜜が取れる。数年前、栃木県庁のトチノキから蜜を採取したが、実が落下して車に当たりボディーが傷むという理由で剪定されるようになった。実際に山に行くと、30年ほど前に植樹祭を行った場所がトチノキの群生地になっているところがある。そのような場所は有望。シナノキやケンポナシも有望だが、成長が遅く本数も少ないのが難点である。

「がっこそば」は仕事を覚えて楽しむところ

フロアＢ：加藤さんに。取り組みを始めて20年近くなる中で、ほかの仕事も忙しいにもかかわらず、ずっと続けられた秘訣は？　後継者問題についてもお考えを。

加藤：私も家庭ではいろいろ仕事がある。朝と夕方はウシの世話。息子は田んぼ、孫が大学を出てウシの世話を始めるので少しは楽になるかも。「がっこそば」を休みたいとは言えない。ほかのスタッフもみんな同じような事情を抱えて頑張っているから。どうしても人が足りなければアルバイトを頼んで何とか補っている。後継者問題について、会社を退職して「がっこそば」で働きたいという人は結構いる。「『がっこそば』は、お金を稼ぐところではないよ、いろんな仕事を覚えて楽しむところだよ」と言ったうえで来てもらう。中には会社勤めをしながら土日に来てくれる人もいる。スタッフの平均年齢は、60歳を超える。私の下の世代の人で運営スタッフになりたいと希望する人が出てくることに期待している。

座長：谷口分校の閉鎖をきっかけに、様々な体験事業などの取り組みを行い、そ

の一つとして「がっこそば」が運営されている。「がっこそば」は学校のそば、という意味？

加藤：一つは漬け物の「がっこ」で、もう一つが学校。

流通のキーを握るNPOの役割

フロアC：齋藤さんに。庭先集荷サービスは、天然の山菜・きのこを供給するためにNPOが間に立つという取り組みかと思うが、これは、販売先のニーズを想定してから買い取るのか、とりあえず買い取ってから販売先を決定するのか。流通過程ではNPOには何らかのロスが生じるのではないかと思うが、どのようにカバーしているのか。

齋藤：この事例は、NPOが頑張っている点が最大のポイント。良い売り先を見つけるために、ものすごく苦労した。しらみつぶしに販売先を調べ、天然の山菜の持つデメリットを勘案してもなお引き受けてくれる販売先を発見した。NPOとしては、山菜は余ってほしいと考えている。余ったものは漬け物など加工品にすることで商品化することができる。絶対無駄は出ないような形でビジネスを展開している。流通のキーを握っているNPOが非常に重要な役割を担っている。

座長：なぜ庭先集荷サービスに取り組む組織がNPOという形態を選択したのか。

齋藤：最初は福祉事業として取り組みが開始された。身寄りのないお年寄りに安くておいしい食事を提供しようと活動していたが、徐々に庭先集荷サービスへと活動が

シフトした。今はこちらがメインになっている。

座長：行政主導でできた活動なのか。

齋藤：完全に自発的な活動。村出身の方が独り身になった時に豪雪地帯では暮らしが厳しいことを実感したことで始めたNPO活動である。

フロアD：石崎さんに。商材の9割がエゾシカという構成になったのは、日本で流通するシカ肉に占めるエゾシカの割合が高いからか。また、シカ肉を生産する過程で出る毛皮の流通について何かご存じの点があれば。

石崎：エゾシカは大きな生き物。1頭から取れる肉の量は、コストを考えると重要な要素。エゾシカの場合は30キロ。本州のシカは10キロ程度。キュウシュウジカは8キロ程度。一方、一頭を捕獲して肉へと処理するまでのコストは、どのシカもそんなに変わらない。となると、単価がだいぶ変わるので、エゾシカがコストの点でメリットが大きいということ。北海道のエゾシカは、北海道内で1万5,000頭が流通している。これだけ大量に流通している野生動物の肉はほかにない。レストランにとって重要なのは品質と安定供給、そして値段なので、結果的にはエゾシカが市場を席巻する。生皮のことを専門的には原皮というが、そのままおいておくと腐ってしまうため、なめして腐らないようにしなければならない。このなめすという作業が装置産業の仕事。したがって原皮は、なめしを担当する工場に運搬しなければならない。その後は、レザー問屋など様々な中間業者を媒

介して消費者に届くので、仮に最終的な価格が1万8,000円だったとしても、山側の狩猟者の取り分は微々たるもの。そのため、多くの場合、皮は廃棄してしまうが、これをただで持っていってもらえるシステムができればよいかも。

座長：ホンシュウジカの場合、指定された猟期は発情期にあたり、肉の質が最も悪く、味が最も悪い時期。エゾシカでも状況は同じか。

石崎：発情期に脂ののり方が悪いというのは、エゾシカでも同様。エゾシカであれば、発情期を除けば季節的な品質の変動は少ないが、イノシシの場合は雑食であるために季節変動が激しく、夏のイノシシは特に味が悪い。

座長：地域に食肉加工工場をつくることに、地域としての何か問題はなかったか。

石崎：食肉処理場の新設は結構ある。地域によっては、問題が起こることも。臭気や下水なども発生するので、新設の際にはかなり気を遣う。一方、獣害が深刻な地域では、むしろ工場をつくってほしいという要請があるところもある。

座長：山菜・きのこ採りをする人と狩猟や野生鳥獣の食肉利用に携わる人々の共通点として、ジビエ料理というものが位置づけられるかもしれないと感じた。

矢房：ジビエの肉の流通過程の問題としては法的問題のほうが多い。解体処理に関しては、食品衛生法に基づく許可手続きで行える。しかし、その後の2次加工は獣医師レベルの免許資格がないと行えず、実質的には地域でできなくなっている。したが

って、ブロック肉を販売することはできても、薫製処理などの付加価値をつけた商品づくりができないのが現状である。

法律と制度の壁にぶつかる

座長：齋藤さんと村井さんに。山菜やきのこ、蜂蜜の加工・販売には、社会的あるいは法的な困難さはあるか。

齋藤：山菜・きのこに関してはない。ただし卸売市場に出すには、そこに出品する資格が必要になるので、JAを通して販売することになる。

村井：今年から、ミツバチ飼育に届出が必要になり、年のはじめに飼育群数と法定伝染病の検査を受けさせることも必要となった。

座長：養蜂の許可については、在来生物保護の観点から求められているのか、それとも家畜衛生法の観点から求められているのか。

矢房：家畜衛生法で、売る場合には届出が必要。個人で楽しむ分には必要ないが。届出は群れごとに必要になる。

村井：それは飼育時には女王蜂が一つの単位になるためだ。

座長：今の議論は、流通・加工・販売での障害について。容器一つにしても衛生基準をクリアし、販売先の要求に応え、さらに消費者のニーズも満たすという形で非常に多くのハードルがあることが明らかになった。加藤さんにお伺いしたい。取り組みの中で、やってみたかったが法律などが障害となって断念したものは？

加藤：冷凍餃子の販売を試みたことがあ

った。地元産ニラと金山牧場の米粉で育てたブタを原料とする餃子。この販売には許可が必要だった。加工室を別につくらなければ許可が下りなかったので、別につくった。

フロアE：お金の話を聞きたい。私は大学を回って学生と話をする機会があるが、学生からの質問としては「環境や地域振興に関わる仕事で食べていけるか」というのがとても多い。できれば加藤さんと石崎さんに教えていただきたい。家庭をつくって家族を養えるビジネスモデルは立てられるのか。

加藤：そば屋のほうでは家庭を支えるほどの収入はないが、複合的な農業やそば屋で自分たちの家族の自由になるお金を稼ぐことはできる。そば屋に関しては、スタッフは皆自分の家計を支えるという感覚では働いておらず、楽しむことを第一に考えて働いている。したがって、お金は二の次というのが私たちの考え方。もちろんお金もほしいが。

石崎：私の会社は従業員が５人。うち３人は地方で働いている。もちろん私たちの会社が儲かることも重要だが、全国の食肉処理場の経営がうまくいくことも同じくらい重視している。食肉処理場がつぶれてしまうと、肉を仕入れられなくなってしまう。したがって、処理場の収入を2,000万円くらいにする方法を考えることが目下の課題である。

フロアF：矢房さんと齋藤さんに。人を動かしてお金を落とさせることをやっていると思うが、どのあたりの人をターゲット

にしているのか。

齋藤：今日紹介した山菜採りツアーでは、かつては近隣地域の人を対象として、鉄道で来る人を相手にしていた。今は首都圏の人をターゲットにしている。自家用車で来る人がメインではないか。

矢房：産直住宅とエコツアーという都市住民を対象とした事業は、九州をターゲットにしている。見ず知らずの方を増やすより、知っている方が何度も来てくれるリピーターを増やすことを大事にしている。

山の世界は楽しい

座長：まとめに入りたい。私自身学生時代に林学を学ぶ中で、先生から森林は衣食住すべてに関わるから人間社会にとって重要なのだ、と教わった記憶があるが、授業では衣食にふれたものはほとんどなかった。それでも森林は、やはり衣食住すべてにわたって人間社会を支えていると思っている。現在の私の専門の一つは森林教育。大学における林学教育の歴史を勉強していくと、日本は主にドイツの体系を輸入して林学教育を構築してきた。当時の林学の教育では、とても幅広い分野を扱っていた。例えば狩猟学の講義もあった。しかし時代を経るにつれて、林学教育から総合性が失われていったように思う。なぜこのような話をしたかというと、このパネルディスカッションは、森林の問題と食の問題をいかに繋げるかを考えることを目的としているから。ルネサンスというのは一度失ったものを再興しようという考え方だが、森林の世界においては、もともと多様な関わりを

持っていた人間と森林が、ある時期から人間と木材との関係へと矮小化されていったという感がある。もちろん木材は重要だが、総合的な視点を私たちが失ってしまったことは、認識する必要がある。

　最後に今日ご登壇の皆さんに。研究や仕事で取り組んでいることが、どのような形で森林と繋がっているのか。

　齋藤：自分は出身が岩手で、山菜採りをよくしていた。山の世界は楽しいと思って林学へと進学した。しかし、大学の講義では自分の見てきた山の世界とはまったく異なる風景が展開されていた。そこで私はもう一度初心に帰って山の豊かさとは何だろう、ということを考えて研究を続けてきた。やはり山菜・きのこ採りは、楽しいからこそ長年にわたって続けられてきたのではないかと考えている。木材生産一辺倒の林業の一つの反省点としては、価値観を単一化してきたことにあると思う。そのような価値観の中で切れてしまった関係や歴史もたくさんある。

　村井：私は森林とは関係がないが、山に登るのは大好き。作物生産の中の植物保護という分野は、農学が細分化された影響で、一人ひとりの先生が別のことをやっているような状況になっている。その結果、楽しみながらやれることが少なくなってしまった。また、現場を見るということも大変重要である。

野生鳥獣を食べる文化を復興したい

　石崎：一番はじめにこの講演の話を伺った時に、食と森のルネサンスという壮大なテーマをいただいたと思った。どの時代のどんな「食」を復興したいと考えるのかは、人によって違いがあると思う。私の講演の場合は食文化の復興がテーマ。江戸時代には野生鳥獣を食べる文化があったが、江戸時代末期にウシやブタを食べる文化が入ってきたことによって、野生鳥獣を食べる文化は一旦廃れてしまった。それを復興したいというのが私の思い。別の言い方をすれば、野生鳥獣を食べることのできる仕組みの復興。例えば地域によっては、ハンターが減少して狩猟文化自体が消滅しかかっているところもある。一方、ビジネスライクに大量の鳥獣を捕獲した地域では、頭数自体が激減してしまったところもある。それではどのような状態が望ましいのかというと、獣が山にいて適度に農業被害を出しつつも、適度に獣を捕獲しておいしくいただけるようなバランスが実現している世界。自分の活動を通してそんな環境が復興できればなと考えている。

　矢房：地域の業（なりわい）づくりという意味では、「がっこそば」も同様だが、諸塚の特産品加工グループは女性ばかり。「がっこそば」は畜産を、諸塚の加工グループはシイタケなどをベースに特産品加工を行っているので本業ではない。林業に関していえば、林業というベースを活かして次の複合展開を考えていくということが必要。現在は、きのこの生産や産直住宅販売などと融合させている。また、交流事業によって、顔の見える関係を創ることで付加価値をアップさせる事業を加えていくことで、さらに収益性を高めていきたいと思っ

ている。都会の人を勧誘する時には、意欲の持たせ方が大事で、田舎の業をサラリーマンとして考えると、給料が低いということをはっきりと言う。しかし支出額も少ないので生活ベースは高く保てる。

座長：石崎さんから、いつを復興させるのかという話があった。非常に難しい問題。哲学者の内山節さんは、人がいつからキツネにだまされなくなったのかということを調べているが、1965年頃だそうだ。

ちなみに林業基本法の制定は1964年で、日本が大きく変わった時代。森林との付き合い方もこの時期に大きく変わった。専業的に単一の仕事に従事することは、これまで合理化という名のもとに進められてきた。地域の産業を複合化や多角化させていくことで地域の文化を創造していくことに対する再評価が、今必要とされている。その複合化の中の一つの核として、食というものが位置づけられる。

第5章 Wood Job ルネサンスへの道
若者を山村、林業へ

日時　2015年10月3日（土）
場所　東京大学農学部1号館2階8番教室

報告者

奥山 洋一郎
鹿児島大学

牧 大介
西粟倉・森の学校

金井 久美子
NPO法人地球緑化センター

齋藤 朱里
大田原市森林組合

パネルディスカッション座長

興梠 克久　筑波大学

第5章　Wood Job ルネサンスへの道

第1報告

山村で「働くこと」の意味
―「緑の雇用」と各種研修の取り組みから―

奥山　洋一郎（鹿児島大学）

　私は、鹿児島大学・愛媛大学で、大学での林業技術者養成に関わってきた。現在は学部学生の教育を担当しているが、「若者を山村、林業へ」というテーマはこれまでの業務との関わりからも深く考えてみたいテーマだ。そこで、最近の大学での取り組みを簡単に紹介したい。

　愛媛大学では、既存のコースとは別に「森林環境管理特別コース」をつくり、森林・林業に関わる社会人が大学院生と一緒に学んでいる。鹿児島大学でも社会人対象の特別課程を開設して、修了者に学校教育法に定める履修証明を発行しており、既に150名近くの修了生が九州内で活躍中である。もう一つの取り組みとしては、宮崎大学と鹿児島大学が共催する林業・木材業界に特化した就職説明会がある。今年は30数社の企業・団体にご参加いただいた。学生の中には、せっかく林学を学んだのだから林業に関わる仕事に就きたいという学生もおり、業界側にも大学生を採用したいという事業体が出てきている。大学に関わるこのような動きを最初に紹介しておきたい。

人口減少社会を迎えた日本

　まず、議論の前提としたいのが人口減少社会の到来である。国立社会保障・人口問題研究所の試算では、2048年（平成60年）には日本の人口は1億人を割り、2060年（平成72年）には8,600万人まで減るとしている。現役の勤労世代にあたる生産年齢人口のピークはすでに過ぎており、現在の大学生が企業等に就職して定年退職する頃には半分程度にまで減少する。統計の傾向を見ても老年人口と生産年齢人口が逆転するのは避けられない状況である。

戦後の日本社会は、生産年齢人口の男性が富を生み出し、それにより女性や子どもを養うというのが基本とされてきた。しかし、近い将来にはこの体制を維持することは困難になる。実際には、既に多くの世帯で一人の収入で家計を維持するのは難しくなっているのではないだろうか。グローバル企業と呼ばれる大企業は既に雇用の中心を新興国に移転しており、成長の基盤をどこにおくのかという点で冷徹な判断をしている。膨れあがる人口を前提に内需を拡大して、世界中の資源を買いあさるというスタイルからは、望むと望まざるとにかかわらず卒業する時期が来たのである。

　これからは人口が減ることを前提として、社会制度を再設計していく必要がある。その際に、日本に存在するすべての資源、それは自然資源に限らず、人材、教育制度、研究機関、社会保障と様々であるが、とりわけ豊富に存在する再生可能資源である森林と、それを管理する第一次産業の重要性は再評価されるべきであろう。

林業従事者数の下げ止まりに大きく貢献している「緑の雇用」

　人口減少社会の中で森林・林業に関わるものをどう確保していくのか。具体的な施策を検討することで議論していきたい。これまで林業労働について、若干の先入観を伴って喧伝されてきたことは、「林業従事者は減少傾向が続いている」、「若者が減り、高齢化が進んでいる」というものであった。しかし、最近の統計結果から判断すると林業労働者の高齢化率は低下しており、総数の減少にも歯止めがかかっている（図－1）。

　このような状況に大きく貢献したと考えられるのが、国の実施する育成確保施策である「緑の雇用」である。緑の雇用とは、新規採用者に対して研修機会を提供、安全装備を支給するとともに、事業体等に研修期間の労賃の一部や資材費、配置される指導員に対する費用を補助する施策である。特徴は、事業体で新規就労者が行う作業をオン・ザ・ジョブ・トレーニング（OJT）とみなし、それに関わる費用を助成するという点である。

　この事業導入の経緯については、地方発信という点に特徴がある。1990年代後半から雇用情勢が悪化する中で、森林整備事業による雇用創生への期待が出てきた。長野県は、いわゆる「脱ダム宣言」により土建業から林業へ

第 5 章　Wood Job ルネサンスへの道

図－１　林業従事者数の推移
出典：「平成 26 年度森林・林業白書」p.114

の新規参入を促進する施策を導入し、和歌山県と三重県からは「緑の雇用事業で地方版セーフティーネットを」という共同提言が出された。これらの自治体レベルの動きが先行する中で、2001 年度補正予算で厚生労働省の「緊急地域雇用創出特別交付金事業」において、森林整備に関わる新規雇用創出を目指した対策事業が開始された。これらの動きを受けて、2003 年から林野庁による「緑の雇用」が開始された。

　緑の雇用事業については、名称が数年に一度変更されており、事業は 3 期に区分できる。第 1 期「緑の雇用育成対策事業」（2003 〜 2005 年）は、厚生労働省の対策事業の対象者の継続採用を目的に、1 年間を期間とした。新規雇用者の OJT 中の作業に関わる指導員の人件費や現場作業に伴う機械経費等を研修費用と認めて補助対象としており、事業体等にとっては新規雇用に伴う経費助成という側面も強く、雇用促進が強く意識されていた。第 2 期「緑の雇用対策事業」（2006 〜 2010 年）では、1 年間だった研修期間を再編成して、「基本研修（1 年目）」、「技術高度化研修（2 年目）」、「森林施業効率化研修（3 年目）」と 3 年間にした。施策の方向性が雇用対策による林業への労働者の受入れから、技術者の育成確保に内容が変化した。OJT に関わる経費補助は縮小される方向となった。第 3 期「『緑の雇用』現場技能者育成対策事業」（2011 年〜）は、農林水産省が策定した「森林・林業再生プ

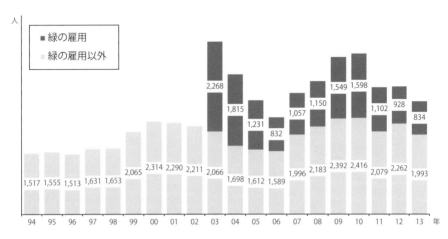

図−2　新規就業者と緑の雇用研修生の人数
出典：林野庁業務資料

ラン（2009年）」中の人材育成として位置づけられ、その内容も大きく変化した。これまでの研修は「フォレストワーカー：FW研修（1〜3年目）」となり、さらに5年目以上を対象とした「フォレストリーダー：FL研修」、10年目以上を対象とした「フォレストマネージャー：FM研修」が新たに導入された。研修期間の長期化により、FW修了者に対して、将来のキャリア目標を提示して、より技術力の高い人材の育成を目指すものとなった。このように、当初は雇用対策事業として始まった緑の雇用だが、その方向性は徐々に技術向上研修の意味合いが強まっている。

　緑の雇用が開始された2003年から2013年までに14,364名が初年時研修を修了した（図−2）。これは同期間の新規林業従事者の4割程度を緑の雇用が占めた計算となる。緑の雇用を除いた新規就業者数はこの期間を通じてほとんど変化がない。この点を考慮すると、先述の林業従事者の下げ止まりと若返りに関しては、緑の雇用による影響が大きかったと評価できるだろう。

「緑の雇用」の成果と課題

　緑の雇用の実態については、興梠克久編著『「緑の雇用」のすべて』の中で研修生に対する詳しい調査結果が述べられている[1]。同制度を利用して林

業に新規就労した人の中では、20代と30代が7割以上を占めていた。また、地元出身者が多く、Iターンで就業する人は1割程度にとどまっていた。就業理由について見ると、積極的な林業への就業よりは、地元に就職したいが、ほかに適当な職がないからという理由も一定の割合を占めていた。雇用環境の厳しい地方で、緑の雇用が若者のセーフティーネットとして機能しているという面は指摘できるだろう。

　林業労働者確保という点で、緑の雇用の成果は前述の新規雇用への量的な貢献だったが、それを可能にした要因を整理すると下記の3点があげられる。1点目は、新規就労者一人に対して定額の補助金が支給され、彼らの資格取得の費用もカバーされるという事業体にとってのメリットである。研修に対する初期投資を国が支援してくれることによって、未経験者でも雇用しやすくなる。2点目は、研修期間の長期化と資格の段階化により、新規就業者がキャリア形成への展望を持てる可能性ができた、という点である。FL、FM資格の実効性については別に議論するが、研修内容の共通化、指導員研修の取り組みも含めて、技術力向上を目指して研修内容を見直してきたという点は評価できる。3点目はネーミングの妙である。適度に堅くない用語はふだん林業に関わりのない層にも抵抗感なく受け入れられるものである。研修生の日常が『神去なあなあ日常』（三浦しをん著、徳間文庫、2009年）として小説にされ、「WOOD JOB！（ウッジョブ）：神去なあなあ日常」（矢口史靖監督、2014年）として映画化されたように、緑の雇用という用語が林業について社会的関心を集めることに一役買ったことは間違いない。

　一方、課題としては、先ほど資格の段階化によるキャリアアップの可能性を指摘したが、実際には5年目以降の研修を受講しようとする人が増えていない。3年目で研修が一度終わるとそれ以上の研修をしようという意識にならないのが実態である。これはFL、FM資格について評価が定まっていないことが大きい。研修生側にとっては、5年目以降の研修を受けたとしても、具体的な賃金の上昇等に繋がらなければ参加動機が生まれない。事業体側もFL、FM資格の有効性がわからなければ5年目以上の現場の中核となっている人材を研修に派遣しにくいだろう。もう1点の課題としては、OJTを担う事業体間の研修の質の格差があげられる。この点は指導員研修の導入

により改善が進んでいるが、実際の作業現場では「見て覚えろ」式の指導が払拭されたとはいえない。熊本県やいくつかの県では指導員による研修の普及に以前から熱心に取り組んでおり、このような動きを広げていく必要がある。

　もう1点議論されるのが、緑の雇用で研修を受けた新規就労者の定着率である。林野庁は緑の雇用研修生の定着状況について詳細を公開していないが、ある県で2011年に1年目の研修を受けた人の定着状況を追跡した結果、49人中の9人はその年のうちに離職していた。2年目に7名、3年目にも3人離職しており、3年後に残っているのは6割程度であった。この数字は他産業と比して特に低いとはいえないかもしれない。一方で気になるのは、緑の雇用初期に研修を受けた人がどの程度残っているかということである。同県の事例では、2003年の開始時に研修を受けた人は2013年の時点で50人中37人が離職していた。この数字の持つ意味についてはより深い議論が必要であるが、国費を投入した事業の結果としては大きな課題となろう。

「10年の壁」の問題

　これまで、緑の雇用の果たしてきた成果と厳しい課題の両面について整理してきたが、ここで「山村で働くこと」の意味を考えてみたい。一つの問題提起として、林業だけで生活ができるのか、ということがある。3年経過時点で6割の研修生が林業従事者として残る一方で、10年経過時点で7割近くが離職するということから、ここで「10年の壁」の存在を指摘したい（後述するように10年という年数は重要ではない）。壁は大きく2点になるが、1点目は教育・医療や介護の問題である。若者が林業に最初に就業した時には、単身もしくは妻との二人の生活だけを考えていたらよいが、10年程度経過すると結婚や子どもの誕生により、教育・医療の問題が発生する。山村では学校や病院から遠い場合が多く、生活基盤を安定させるには困難が伴う。学校の統廃合が進む中で状況も変わっており、Iターン者だけではなく地元出身者でも直面する問題かもしれない。さらに、親の介護等の必要が生じると、本人の意思にかかわらず山村での生活を諦めざるを得ない事態になる。

第 5 章　Wood Job ルネサンスへの道

表－1　平均給与の比較

	全業種	林業	林業／全業種
20 代	348 万円	258 万円	74%
30 代	458 万円	302 万円	66%
40 代	586 万円	326 万円	56%
50 代	721 万円	329 万円	46%

出典：林業は 2013 年実施「林業事業体アンケート調査」『『緑の雇用』のすべて』p.211 より
　　　全業種は転職サイト DODA（デューダ）http://doda.jp/guide/heikin/2014/age/

　2 点目は給与の問題である。やや乱暴な推計ではあるが、平均的な給料を他産業と林業で比べてみた（表－1）。この結果、20 代の賃金で林業は全業種の 7 割強であり、この水準は山村部の就業状況や生活費負担を考慮すると、それほど低いとはいえないだろう。しかし、問題はその後の昇給幅が小さいことである。年々格差は広がり、50 代になると林業は全業種平均の半分以下まで落ちてしまう。この給与水準で不足なく家族を養い、必要な教育を施すのは非常に困難であろう。問題を解決するために、いくつかの地域では第三セクター方式の林業会社等で月給制を導入しながら安定した雇用に取り組んでいる。しかし、私の調査では、作業時期に季節性があること、現場作業の日数が天候に左右されること、何よりも材価の長期低迷で事業収入が伸びない中で、人件費のみを上昇させることは困難という状況だった。実際にすべての地域で等しく「10 年の壁」が存在するわけではないが、就業後に一定の年数が経過すると山村で生活することの困難さに直面する場合は相当数あるだろう。

山村で「働くこと」の意味

　最後に若干の試論を述べたい。教育・医療、もしくは給与水準の問題は、緑の雇用の施策や林業事業体の経営努力だけで解決できる課題ではない。先ほどの問題提起に答えを出すと、山村地域で林業のみで安定して生活していくことは難しいのが実情である。言い方を変えると、そもそも山村での暮らしは様々な生業を組み合わせて成立してきており、林業はあくまでもその一つとして存在してきた。パーツの部分だから位置づけが軽いという話ではなく、林業はいくつか存在する不可欠の要素の一つである。しかし、この点を

よく考える必要がある。例えば、地元出身者は自らの農地や山林を所有しているかもしれないが、Iターン者は家族の副業を探すことも難しい。農地・林地の斡旋や副業の創出も含めて、公的支援にはそのような視点が欠かせないだろう。また、家族の就業という側面では林業従事者を若者の男性に限定する必要もないのかもしれない。以前の造林作業でも、地元農家の女性が担っていた面はあるが、高性能林業機械の普及により、幅広い作業工程に女性や年配者の参入余地が広がっている。パワードスーツ等の新技術の開発は進んでいるが、技術の進化は時として状況を一変させる可能性がある。また、山村に移住してきた人がいつまでも雇用労働者でいる必要はなく、技術やアイディアに自信のある人が独立して経営者として自立することも、林業を軸とした山村維持という点では一つの方向性であろう。

　さらに、踏み込んだ議論として、「定住・定着ということに固執する必要があるか」についても再検討が必要である。山村で働くことが誰にとって、どのような意味を持っているのかをはっきりさせるべきである。森林行政担当者や研究者にとっては、森林管理や木材安定供給のために必要な労働力は計算された数字だが、一人ひとりにとっては生業の一つである。例えば、青年海外協力隊のように人生の一時期を山村で過ごして、その経験を都市に持ち帰り、幅広い意味での山村のサポーターとして生活するという選択もありうる。現実として、雇用形態の流動化は多くの人の意思とは無関係に進行している。このような職業移動を労働者、雇用者にとっての「挫折」とするのではなく、再チャレンジのステップの一つとして積極的に評価することが、長期的な社会の安定にも繋がるのではないだろうか。

　先ほど提起した人口減少社会は必ずしも暗い面ばかりではなく、旧来の束縛が弱くなるというプラスの面もある。個人的には、地方大学に勤務する中で、林業・木材産業で働きたいという学生が一定数いることを実感している。新規参入したいという者がおり、それを受け入れる余地は広がっている。これは人口減少の正の側面であろう。緑の雇用の諸研修は新規参入者にとって生業の獲得手段として重要な一面を持つが、初期研修や事業体等への費用支援だけですべてが解決するわけでない。彼らを山村に送り出すだけで、その後は自助努力に任せるのではなく、生活全体を見据えた必要なサポ

ートを用意することが重要である。個人がその後のキャリア形成も含めてどういうプランを描けるのか、山村で「働くこと」の意味は就業者の数だけ存在しており、地域の関係者が一体として協力することが必要である。大学も地域の一主体という意識を持ち、林業技術者教育等での直接の貢献も含めて、果たすべき役割を考えていきたい。

参考文献

1）興梠克久編著『「緑の雇用」のすべて』（日本林業調査会、2015年2月、322頁）

第2報告

西粟倉村百年の森林構想と起業家的人材の発掘・育成

牧　大介（西粟倉・森の学校）

移住者が100人以上の小さな村

　西粟倉村は、兵庫・鳥取の県境にある人口約1,530人の小さな村であるが、近隣が過疎・高齢化や人口減少に悩まされる中、ここ数年人口が変わっていない。その理由は、移住者を多数受け入れているからである。現在Iターン者は100人強に達しており、移住者のお子さんも人口維持に貢献している。

　これまで我々は、ローカルベンチャーとして自分で仕事を生み出していこうという人を採用してきたので、村内にそうした会社は13社ほどある。十数人程度の小さな会社が中心で、売上げをすべて足しても7億円程度であるが、年10％もの成長率の企業ばかりである。

　人材とベンチャー企業の育成にあたって、私たちは仮説検証のプロセスを重視しており、計画を立てることはそれほど重視していない。基本的には、「計画を立てすぎない、合意形成にこだわりすぎない」ことが大切であると考えている。前例にこだわらず、失敗事例があったとしても、まずやってみることを求めている。人間は自分の興味のあることしか頑張り続けることができない。そのため、何かをやってみたいという思いに予算をつける形をとっている。

　今一番活用しているのは、地域おこし協力隊である。しかし、役所の下働きのような協力隊は受け入れておらず、何かを実現したいというプラ

■起業型
■就職型（成長が見込めるベンチャーに限定）
若者の3年間という時間を、価値の創造にだけ投入

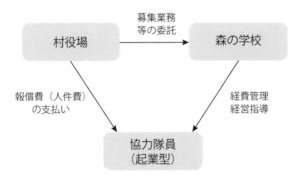

地域おこし協力隊という制度の活用

ンを持った人を審査して受け入れている。審査に通った人には、年間400万円の予算が3年間つけられる。これは、3年間でビジネスを創ってもらうことを意図しているからである。もちろん、地域の課題解決に意欲があることが前提である。このような進め方は、役場の作法としてはあまり好ましくないので、役場の代わりに我々が新しい人材の確保を行っている。我々のような民間企業が人材育成を肩代わりすることで、自由度が上がっているというわけである。ローカルベンチャーは、大きな会社を一つ創るのではなく、小さな会社をたくさん創ることで、全体のバランスをとる方式をとっている。こういうビジネスを創るべきだという計画はあえて立てず、個々の起業家たちの意欲を我々は見守るというスタンスだ。

　間伐を行うことで光が当たれば林内の植物が勝手に育っていくように、粗放的な状態でビジネスを展開させることで、多様なビジネスが地域内で育っていくことを目標としている。いろいろなビジネス（植物）が育ってこそ、地域（土）も育っていくだろう。

　私自身はローカルベンチャーが集積して人と人の関係が豊かになり、資本が蓄積され、地域が豊かになる基盤を創りたいと考えている。このため、採用活動、すなわち「人さらい」がメインの仕事になる。「人さらい」よりは採用活動といったほうがよいかもしれないが、いい人がいると思うと、全力

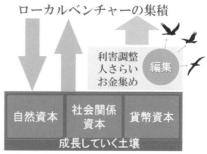

で利害調整してその人にこれまでの職場への辞表を提出させるという形で採用活動を展開しているので、あえて「人さらい」という表現を使っている。

それから、移住した人や採用したいという地域の企業の気持ちを伝えるために、「ニシアワー」という情報発信サイトを運営している。採用活動と地域のブランディングを一体的に進めながら、地域の面白いヒト・モノの情報を発信している地域はそれほど多くない。先日、東京で開催された移住に関連したイベントには1,000人以上が集まった。しかし、そこでそれぞれの持っている魅力的なコンテンツを提示できる地域はわずかだった。

西粟倉村では2007年頃から採用のためのコンテンツを発信する活動を続けてきた。この活動はオンラインショップでの地域商品の販売と連携し、採用活動と地域のブランディング・商品の販売が一体となっている。

雇用対策協議会の設置でIターン者の定着率が上昇

2004年に西粟倉村は、他の市町村とは合併しない方針を決めた。しかし、その後、どのように村を運営していくかについてのビジョンははっきりしていなかった。その時、國里哲也さんという当時森林組合に勤めていた人が、組合を辞めて「木の里工房 木薫」という会社を2006年に立ち上げた。地域の森林を活かして、家具・内装などの木製品を生産する会社である。ここから、國里さんに続くような人材を育てる試みが始まった。始めてみて気づいたのは、地域には雇用がないように思われてきたが、「いい人がいれば採用したい」と考えている企業は地域にはたくさんあるということである。今までは地縁・血縁・ハローワークという採用手段が支配的で、潜在的雇用機会

が活かされてこなかった状況であった。

　國里さんのような人をどのように増やしていくかが目下の課題である。行政的にはＩターン者を受け入れる方法がベターであるが、移住者の受入れは地域内での反発を起こしやすいのも事実である。それでも國里さんのように熱意のある人をさらに集めるために、2007年に雇用対策協議会という採用育成専門組織を立ち上げた。役場の課長に70件の空き家を一つ一つ当たってもらい、移住者向けの空き家を確保した。その際、大橋平治さんという役場のOBが移住者の採用育成担当として働いてくれた。地域に入っていくと、地域の住民同士では解決できないトラブルに直面することがある。これを放置するとこじれてややこしくなるので、大橋さんに移住者と従来の住民双方から連絡を入れてもらうシステムを構築してもらった。これによってＩターン者の定着率は上昇した。雇用対策協議会が関与して受け入れた人数は50〜60人程度で、残りは他の要因に伴って移住してきた人たちである。

百年の森林構想と西粟倉・森の学校

　2008年に西粟倉村として「百年の森林構想」を旗揚げしたのは、本気で頑張りたい人、特に森林に関わりたい人を集中的に採用するためであった。移住者を集める活動は企業の採用活動と同じなので、ビジョンやコンセプトをはっきり示すことが必要になる。百年の森林構想では、50年後の2058年を目標に、ホタルが見られるような美しい森林をつくることを目指している。

　具体的には、西粟倉村で特別会計を設けて1,300人に所有が分かれている森林の地権者との森林整備の委託交渉を進めている。構想から6年が経過した現時点で、4割くらいの森林の協定を通じた村への委託を実現してきた。今の段階では、役場が赤字になるリスクを背負ってでも効果的な森林経営への投資を行っているのが現状である。

　また、森林組合から出てきた素材を加工して販売することで6次産業化ができるので、その拠点として株式会社「西粟倉・森の学校」を設立した。この会社は、前述の雇用対策協議会による3年間の補助金受給期間が終了した際に、移住者に対する地域の採用活動を担う部門を残せないかということで立ち上げた。木材産業に最低限必要な機械等をそろえられるように、億単位

173

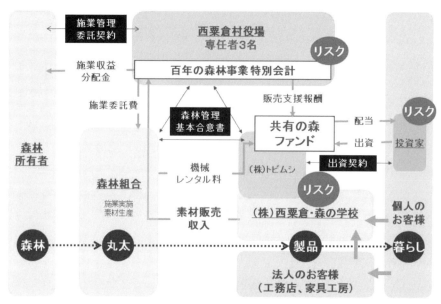

百年の森林事業

の投資は西粟倉・森の学校が負担することで、小さなリスクで移住者が小規模の木材加工に関わるビジネス等を始められるようにした。つまり、もともとは移住・起業支援が西粟倉・森の学校の主要目的であったが、行きがかり上、木材加工流通の事業も担うことになったというわけである。2015年10月、「森の学校ホールディングス」を新しく立ち上げたことに伴い、村の人事部・起業支援としての機能はそちらに移管し、西粟倉・森の学校は木材加工企業としての事業に特化することになった。

さらに、お金や情報の流れを変えていくために「共有の森ファンド」を創設した。都市部の人に地域の応援団になってもらい出資してもらう仕組みである。応援団になってくれた人の中からは移住者も出てきている。いきなり移住してくださいというと身構えてしまうが、ある程度応援団として関わってもらった後であればそのハードルも低くなる。いわば「見込み顧客」を応援団として確保しておくことで、移住者の確保に繋がるというわけである。

木材ベンチャーの事業展開を支援

　森林から搬出された木材は、製材向けのA材、合板等向けのB材、チップ等向けのC材になるが、それぞれの特性に合わせて加工を進めていく仕組みを整えている。村内には2.5億円程度を投資した加工工場があるが、構造材は儲からないので、板材の生産に特化している状況である。構造材が必要な場合には、他地域の製材工場から買ってくる。地域内のヒノキは丸太1 m^3 が1.5万円程度であるが、工場から出荷する際には10万円程度にまで価値を上げて出荷している。その結果として雇用の創出にも成功している。

　西粟倉・森の学校がこのような加工の拠点になることで、村内の木材ベンチャーは円滑に仕事が進められるようになると考えている。バイオマスエネルギー、特に薪ボイラーを中心に事業を展開している会社には、製材の困難な端材を受け入れてもらっている。このように在庫を受け入れるリスクなどを西粟倉・森の学校が担うことで、村内の木材ベンチャーの存立を可能にしている。エンドユーザー向けの販売ができるのは、共有の森ファンドの創設により一定量の固定客が確保できていることも大きな要因になっている。

　木材ベンチャーの展開には、地域内で木材が円滑に供給されることが大前提になる。そのためには1,300人に所有が分散している森林を集約した効率的な経営が必要である。出てくる木材の量が安定してくれば効果的な加工も可能となるが、そこでは付加価値をつけなければならない。そこでリーダーになってくれたのが、当時25歳で移住してきた井上達哉くんであった。彼は三重県の速水林業が開催する林業塾のイベントに参加していた。彼は林業や木材に強い関心を持っており、面白そうだなと思って西粟倉・森の学校で採用を決めた。

　彼の最初の仕事は、地域から出てきた木材を使ってモデルハウスをつくるというものであった。初めての経験ばかりで、彼は泣きそうになりながら家を建てた。この仕事を通して、木材加工の基盤的な施設がなければ木材を扱うことは難しいという結論に至った井上くんは、木材加工工場を立ち上げるという次の仕事に取り組み始めた。加工工場の最初の商品は木質の床貼りタイルであった。賃貸住宅に住む人向けの50cm角の板である。井上くんが経験を積むにつれて工場の生産レベルも上がり、顧客数も増えていった。2年

目で1億円を売り上げたが赤字も出ていた。3年目には8,400万円の営業赤字を出してしまう状況に陥った。しかし、必要なお金は工面することにして森の学校で投資を続けた結果、その後2年で9,000万円ほど収支は改善した。現在、床貼りタイルは西粟倉・森の学校の売上げの3割程度を稼ぐ主力商品になっている。また、生産・流通に関する経験や知識の積み重ねに伴って、現在は住宅市場に進出するまでに成長している。

2058年までに理想とする西粟倉村の実現を目指す

西粟倉村では、最初は他の事業に雇われていた人でも、一度やりたいことが見つかると起業して雇う側へとスピンアウトしていく傾向がある。ある移住者の夫婦は、奥さんが獣の解体が好きで、ジビエ料理専門のレストランを開いて現在も営業している。初期の起業分野は林業関係が中心であったが、徐々に食の分野などバラエティに富むようになってきている。また、ある女性は油が好きだったので油で起業しようと気持ちを固め、90歳過ぎのおじいさんのところに弟子入りした。おじいさんの息子は油屋を継ぐ意思はなかったので、この女性が事業ごと継ぐことになった。このほか、草木染のブランドや、バイオマスエネルギーのベンチャー企業、障害者雇用の会社などが新たに立ち上がっている。

地域おこし協力隊で移住してくる人の中には、村内で起業した会社に就職する人も多い。西粟倉村では1,500人ほどの村民に対して1割程度の協力隊を受け入れているが、実際の仕事上では誰一人協力隊を名乗ることはない。協力隊はあくまで制度であって肩書きではなく、全員が何らかの会社の社員や団体の職員として働いているからである。また、我々は起業型協力隊も受け入れているが、そこではあくまでも定住を求めるようなことはしていない。

最近わかってきたのは、起業したいというより田舎に住みたいという人が多いことである。彼らは田舎に住みたいと考えており、かつクリエイティブな人たちなので、彼らに良い受け皿を提供することが欠かせない。このような種々の取り組みを進める中で、50年後には各種の取り組みが生業・地域産業として結実していき、理想とする西粟倉村が2058年には実現することを期待しながら、地域振興事業を進めているところである。

第3報告

山と繋がる暮らしを目指して
―「緑のふるさと協力隊」の若者たち―

金井　久美子（NPO法人地球緑化センター）

　NPO法人地球緑化センター（以下、緑化センター）は、1993年に設立された団体である。個人やグループを対象とした森林ボランティアや海外での植林活動、子どもたちの環境教育などを行っている。

　本日紹介する「緑のふるさと協力隊」事業は、農山村の暮らしに関心を持つ若者を地方自治体に1年間派遣するプログラムである。目的は若者たちによる地域貢献活動で、総務省の地域おこし協力隊のモデルにもなった。

　1994年からこれまで105か所の自治体への派遣活動を行っており、22年間で延べ718名の若者が参加している。参加者は18歳から40歳の男女である。緑化センターが実施主体となり、派遣要請のあった自治体に面接選考した若者を派遣している。

　隊員たちは月5万円の生活費を支給され、1年間農山村での生活を送る。参加する若者たちは、緑のふるさと協力隊での活動を、地域貢献を通した多彩な経験ができる場として捉えている。参加動機としては、自己実現や新たな進路の発見であったり、第一次産業に就いたり、地域づくりに携わったり、教師になるための経験を積むためなど様々である。参加者は大学生が中心であるが、農林学部系の学生だけでなく、法学部、経済学部、文学部など多彩な学問分野の学生が参加している。

　受入先の自治体では窓口を役場に設け、活動内容の調整、住居、車の用意、日常生活のサポートなどを行う。また、隊員と自治体担当者で定期的なミーティングを開いて活動・生活状況を共有・確認する。担当窓口は、以前は林務課、農林課などが多かったが、最近は企画調整課、地域振興課などが中心だ。

緑のふるさと協力隊の取り組み

　この事業を成り立たせる基礎は、受入先自治体・隊員・緑化センターの三者ががっちりとスクラムを組むことにある。行政が窓口になることで、若者が活動することに地域住民からの理解が得られやすかったり、活動の対象が特定の企業や個人でなく、地域社会全体に広げることができたりする。その結果として、「就労」ではなく、「社会貢献」という充実感が得られる。つまり、若者がのびのびと活動できる環境が用意できるのだ。

　地域側の願いは、若者が集落の活気を取り戻し、地域の魅力を発見してくれることである。それゆえ緑のふるさと協力隊の活動は、地域社会の営みすべてが含まれるものとなっている。具体的には、福祉や農林業、観光など産業の手伝いのほか、共同体が主催する草刈りや集会への参加、年中行事として行われる祭りや各種イベントへの参加も含まれている。地域にあるものすべてが活動対象といっても過言ではない。

　また、暮らしにおいて隊員は、生活費５万円で工夫して自炊生活を行うことになるが、そこで地域の人々に食材のお裾分けをいただいたり、料理を教

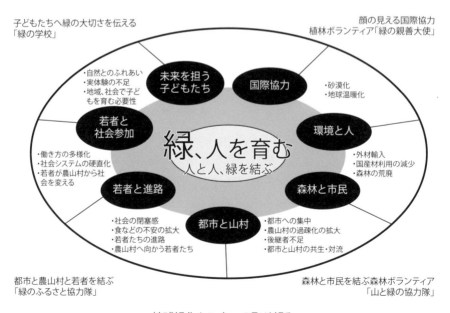

地球緑化センターの取り組み

えていただいたり、「ないものは買うのではなく、つくる」といった知恵を学ぶ中で、地域のことをより深く知ることができる。活動と暮らしを通して地域と「関わらざるを得ない」状況を創ることで、経験やスキルを持たない若者でも、熱意さえあれば地域に入り込んでいける仕組みになっている。

また、隊員は派遣前の4月初めに7泊8日の事前研修を受ける。農山村の現状を学び、活動するにあたっての心構えをじっくりと確認した後、地域に入っていくわけだが、地域に到着すると、隊員にとっては想像していた農山村とは違う現実が待っている。つまりギャップを感じるのだ。酒席での振る舞いやカメムシなどの暮らしに身近な虫への不慣れ、常に注目されていることへの息苦しさなど、日々地域に暮らすことがどのようなことなのかを実感していく。時には逃げ出したくなる気持ちを月々のレポートや日々の電話でくみ取り、研修を行うなどして1年を通してサポートしていくのが、緑化センターの役割である。すなわち、緑化センターが受入先の自治体と若者の間に立ち、双方にとってより良い活動になるように調整していく。

隊員たちは、地域の魅力を掘り起こす役割も担っている。「ふるさと通信」という手書きの新聞を年2回発行することになっており、写真やイラストを使ってカレンダーやマップをつくる者もいれば、お年寄りに聞き取りをして受け継がれた知恵や技を紹介する者もいる。これがきっかけとなり、隊員たちは個性や特技を活かして地域の魅力を掘り起こしていく。そういった隊員の好奇心が起爆剤となって、伝統芸能や祭りの復活のきっかけを創ったという事例もあった。隊員が素直に地域に入り、高齢者を集めてお茶会を開くなどしてくれたおかげで、地域コミュニティが再生されたと喜ぶ自治体担当者の声も届いている。

約4割が任期終了後に地方に定住

1年間の活動が終了した後、派遣された地域に定住する隊員は約4割である。それは1年間どっぷり地域に浸かり、住民と一緒になって地域コミュニティを創り上げていくプロセスが、隊員たちの地域への愛着を育み、人との繋がりを深め、最後には地域に残りたいという思いにさせるからではないだろうか。

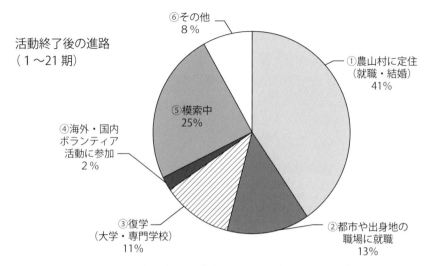

任期終了後、定住する隊員は約4割

　活動も後半に入った11月頃から地域の人たちから「活動終了後はどうするんだ」、「残らないか」という声をかけられることが多くなる。隊員たちは迷いながらも12月末から1月にかけて答えを出していく。「残る」と答えると地域みんなで家や車を探してくれたり、仕事を紹介してくれたりする。彼らが就く職業は、第一次産業や行政職員、福祉関係などが中心である。一方で都会のように一つの仕事で収入を得るのではなく、農繁期などの人手が必要な時期の仕事を組み合わせて生計を立てている者もいる。

　隊員が地域に残る理由は大きく二つある。一つは地域に自分が求められていると感じ、やりがいを見いだせたから。もう一つは日常の活動を通して人との出会いと繋がりを得られたから。多くの若者たちは「こうなりたい」という素敵な大人や家族に出会えたことを、定住の決め手としてあげている。今や若者たちは「仕事があるから残る」のではなく「この人がいるから」、「ここに暮らしたいから」残るのだ。

地域で様々に活動する隊員たち

　次に、地域で役割を得て活躍している、緑のふるさと協力隊のOB・OGたちの例を紹介したい。

　2000年度に滋賀県高島市に派遣された男性は定住して15年ほどが経つ。活動終了後から森林組合で働き、現在は16人ほどが暮らす小さな集落に地元の材を使った家を建てて住んでいる。今年の夏に私が訪問した時、自ら手入れをしている山を誇らしげに見せてくれた。

　宮崎県諸塚村に派遣された男性は大学を休学して緑のふるさと協力隊に参加した。活動終了後は復学し、新卒で静岡県のNPO団体に就職して経験を積んだ後、諸塚村に戻り、現在は観光協会で仕事をしている。協力隊当時の諸塚村役場の担当者は「あいつ、戻ってきたよ！」と感激した様子で伝えてくれた。今では地区の伝統芸能や自治会の役員などいくつもの役目を担う。

　大学卒業後すぐに岡山県鏡野町に派遣された女性は、現在は木版画家として全国各地で個展を開いている。当時の町長は、歴代の隊員たちを自分の子どものように可愛がり、正月には晴れ着を着せて正月料理を食べさせるなど家族同然の付き合いをしてくれた。そのご縁もあってこの町には緑のふるさと協力隊のOB・OG10人ほどが定住している。

　山形県小国町に派遣された男性は、愛知県の森林組合で仕事をしていたが、山村の暮らしを知りたいと希望して派遣された。現在も小国町に住み、地域の活動に積極的に参加しており、狩猟免許も取得して猟友会に所属して頑張っている。本人は暮らしと仕事が繋がっていることが魅力的だと話していた。

若者と地域の繋がりをどう創るか

　若者が地域の担い手になるためには、地域と若者の間に繋がりを創ることが大切である。そこでカギとなるのが若者を見守って育ててくれる地域の人たち、特にお年寄りだ。暮らしの中で長年培ってきた知恵や経験を持つお年寄りは、存在そのものが若者たちの心を捉えているように感じる。「もっとお年寄りの知恵に学びたい」、「この技を自分が受け継ぎたい」と尊敬するお年寄りのもとに熱心に通う隊員も多い。

また、地域の人から集落活動や祭りなどで役割を与えられたりすることで、自分が必要とされていることを感じ、やりがいを見いだしていく。一生懸命隊員が仕事に取り組んでいれば、地域の人たちは温かい支援の手を差し伸べてくれる。こうして地縁・血縁とは違った繋がり（緑化センターでは「緑縁」と呼んでいる）が生まれていく。

　緑のふるさと協力隊に参加した若者たちの多くが、都市と農山村の架け橋になりたいと考えるようになる。歴代の隊員たちは、活動終了後に派遣先を離れても、祭りなどがあれば地域に戻って参加したり、災害があれば復旧支援を行ったりするなどの役割を担っている。日本がどんな地形で、どんな地域があり、どんな文化を持っているのかほとんど知らなかったような若者たちが、緑のふるさと協力隊の1年間を通して、派遣された地域に愛着を抱くプロセスには非常に興味深いものがある。

　農山村と若者を繋ぐコーディネーターという私たちの役割は、多岐にわたる。自治体に対しては、自治体担当者が代わるごとに、何のためにこの事業をやっていくのかを共有し、受入れにあたっての手引きを丁寧に伝えていく。また、暮らしのことや活動内容を詳細に説明、調整して受入準備を整えてもらう。

　隊員たちに対しては、研修などで心構えとして謙虚に学ぶ姿勢を持つように伝え、地域の応援者となって信頼を構築していくことを求めている。この姿勢さえ持つことができれば、だいたいの場合、活動はうまくいく。とはいえ隊員が泣きながら悩みを訴えてきたら、いつでも相談にのる。隊員へのサポートは24時間体制で行い、OB・OGにも協力してもらう。派遣先には毎年2か月かけて一町一村訪問し、自治体担当者とも、隊員とも顔を合わせて意思疎通を図るなど、年間を通して電話や手紙、訪問などをフル活用して自治体担当者と隊員をフォローしていく。

外部の人材活用には地域の信頼が不可欠

　緑のふるさと協力隊を実施するにあたって重要なのは、隊員・自治体が互いに感じる理想と現実のギャップを埋めること、農山村の教育力を活かすこと、手間暇かけて隊員と地域の関係を育てていくことに集約できる。専門知

識やスキルを持たない若者にできることはたいしたことではないが、その思いや存在自体が地域に変化を引き起こしていく。地域が隊員から刺激を受けて、自分たちも何かやらなければいけない、やってみようという意識が芽生えるのである。

　現在、地方創生で地域おこしに尽力する外からの人材を大幅に増やそうという動きが出始めている。様々な課題に悩む農山村にとって、この取り組みは重要であるが、これらの人材は地域からの信頼を得てこそ活かされるのではないだろうか。一方的な思いや数の大小だけではなく、人間の熱意を活かすような支援体制を構築することが最も重要だと思う。これからも若者と農山村の未来を考えながら尽力していきたい。

第4報告

Wood Job 3年目の現場経験から

齋藤　朱里（大田原市森林組合）

　林業への定着が難しいといわれている中で、森林組合で働きながら、職員という立場から現場で実感したことや課題は数多い。

　私は東京から約150キロ離れた栃木県の大田原市で育った。高校時代まで地元から出たことがなく、短大進学を機に東京へ出てきた。初めての一人暮らしであこがれていた部分もあったが、いろいろわからないことがあり、母親に助けを求めたこともあった。でも、住めば都というが、東京での生活も慣れて日々楽しく過ごしていた。

　短大では造園や樹木について学んだ。実習で地方の里山に行ったり、田植えや造園施工を経験したりする中で、樹木って素晴らしい、里山っていいものだということに気がつき、ふと地元はどのようなところだったのかと思うようになり、地元に帰って林業をしたいという気持ちが強くなった。しかし、林業は男性社会で、地元に帰って林業をやりたいといっても女性を雇ってくれるところはなかった。これではダメだと反省して、もっと林業のことを勉強して知識を身につけて会社の戦力になれるように努力しようと思い、地元で林学を学べる大学に進学して勉強を始めた。

　当然、大学には林学を学びたい人が集まっており、中には林業をもっと盛り上げたいと考えている女子も多くいた。そんな女子たちが集まって林業女子会@栃木を立ち上げた。

私もこの活動に関わっており、活動の中で県内の林家、製材業の方など、た
くさんの方と出会うことができた。大学生で、しかも女子たちが数名で林家
等を訪問するため、皆さん驚くと同時にとても喜んでくれた。林業界をもっ
といろいろな人に知ってもらいたいし、山と里を繋げる仕事がしたい。これ
がこの活動の目標になるとともに、私個人の目標にもなった。その目標を実
現させるために、森林組合の門戸を叩いた。森林組合の事業課に就職し、今
年で3年目を迎えた。

大田原市森林組合とは

　大田原市は栃木県の北東部に位置する。江戸時代から林業に力を入れてい
る地域で、その頃から那珂川を利用して江戸に木材を運んでいた。その後、
鉄道が整備され輸送がしやすくなり、現在ではこの地域の八溝材は、栃木県
のブランド材の一つになっている。市の資料館である黒羽芭蕉の館には、
2013年に林業遺産に登録された『太山の佐知』という造林書も所蔵されて
いる。

　大田原市は合併するまで三市町村に分かれていた。その中に大田原市森林
組合と黒羽町森林組合の二つの森林組合があった。市町村合併を機にこの二
つの森林組合が合併し、新たに大田原市森林組合が設立された。組合員数は
1,403名で、8,096haを管轄している。私たちが手入れしている人工林は、ス
ギとヒノキがほとんどである。組合員のための森林組合、地域林業の要とな
る森林組合、森林を次世代に守り引き継ぐ森林組合の三つの経営理念のも
と、組合長を筆頭に日々安全に気をつけながら作業をしている。

　森林組合には、現場で作業を行う現場技能員がいる。現場技能員は、4月
から6月の春先にかけて木の植付けを行う。その後、植林した木を伐らない
ように周りの伸びた草を刈りとる下刈りの作業を行う。また、30年、60年
くらい経った木の間伐や皆伐を行い、その後、植林ができるように地拵えを
して植付けの準備をする。このようにして伐採された丸太が、皆さんの住宅
や身の回りの木材へと変身するのである。

　私たち職員の仕事は、こうした現場での作業が始まる前に、組合員である
森林所有者との打合せを行い、まず境界の確認をすることから始まる。現場

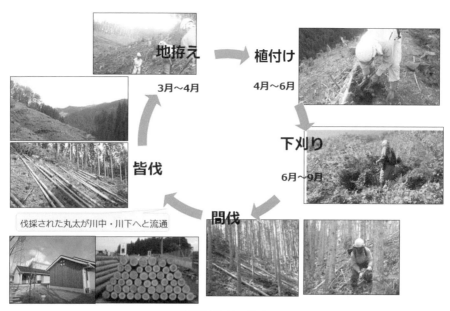

現場技能員の仕事

私の仕事

の作業が始まると、現場の監督や給料計算といった事務の仕事をする。現場の作業が終わると、補助金を申請する。最後に組合員に施業後の説明を行い、精算の手続きに入る。この仕事は一人ではできないので、総務課と事業課が協力しながら行っている。私も未熟ながら、先輩に教わりつつ仕事をしている。

森林組合の職員になって実感したこと

　就職して最初に思ったことは、若い人が多い職場だということである。林業というと、年配の方がやっているというイメージを抱いていたが、就職してみると40歳代の人が多く、思っていたよりも若い人が多い職場だと感じた。そのため、長く勤めている60歳以上の方から、勤め始めたばかりの20代、30代の方への技術の伝承と人材育成が課題だと感じている。

　比較的若い職場であるにもかかわらず、新規に就業した方の離職率が高いのが2点目の実感である。年に2人から5人くらい採用すると、5年も経たないうちにそのうちの半分以上の方が辞めてしまう。

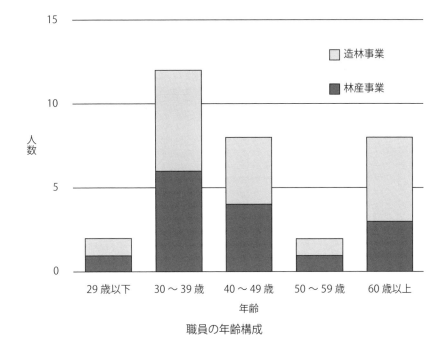

職員の年齢構成

入社初めは造林関係の仕事を行う。具体的には、植付け、下刈り、伐り捨て間伐といった保育間伐の仕事であるが、夏場の炎天下、日を遮るものがないところでの下刈りが過酷な作業であること、ハチに刺されアナフィラキシーショックの危険性があること、「きつい・汚い・つらい」３Ｋの仕事であるにもかかわらず、それに給料が見合っていないなどの理由で、多くの人が辞めていってしまう。そのほかにも辞める理由はたくさんあると思うが、就職前に抱いていた自分の理想と現実の過酷さとのギャップが、辞める原因の一つになっているのではないかと感じる。

　現場の仕事に大きく関わってくるのが、私たち職員の段取りである。この段取り次第で現場技能員の仕事が大きく変わってくるからである。そのことが３点目の実感である。現場での作業が始まる前の山林状況や、作業が始まった後の進捗情報の把握が、作業を効率よく進めるうえで欠かせない。また、その後の給料や成果にも、これらは大きく関わってくる。それは、造林関係の仕事でも、林産関係の仕事でも同じである。逐一、現場と職員の打合

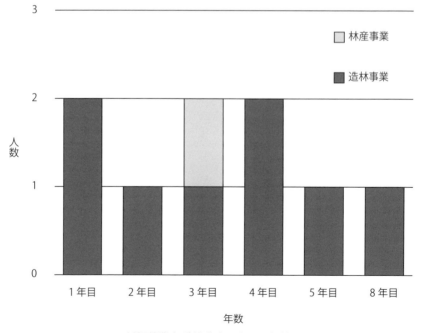

新規就業者が離職するまでの年数

せが必要で、職員と現場が密接に関わる必要がある。時には愚痴を聞いたり、逆に聞いてもらったり、そういった関わりの中でお互いを知ることで、仕事をしやすい環境を整えていくことも必要だと感じる。

　私たち職員と現場技能員との関係は何よりも大切であるが、お互いの仕事内容や給料形態の違いからくる「齟齬」が４点目に実感することである。我々職員には外業と内業の仕事があり、雨の日でも仕事ができる。しかし、現場技能員は、夏の暑い日も冬の寒い日も外での作業である。雨の日には仕事ができない。天候に左右され、体を酷使しながら現場で作業している。時には日曜日に仕事をすることもある。そのことによって、現場技能員から職員の労働環境が羨ましく思われることも多々あり、双方の間にぎくしゃくした関係が生まれる可能性もある。お互いになくてはならない存在で、誰一人欠けても仕事が成り立たないということを理解しながら、職場の人間関係を保っていかなければいけないと思う。

　次に補助金がなければ、林業ができないということが５点目の実感である。森林所有者に負担を強いることは基本的に望ましいことではない。山の手入れをしたいけれども、山にお金をかけたくない。それによって山への魅力や興味が薄れる原因にも繋がる。間伐をして丸太を販売しても、所有者への還元がほとんどなく、皆伐をしてもその後の植付けと下刈りがあり、お金がかかるから皆伐はしたくないと思っている所有者も少なくない。間伐でも皆伐でも、林業に対する雇用や仕事を生み出すことができ、地方創生にも役立つ。手入れをもっとしていただくためにも、私たちは木材の売り先を検討したり、効率よく作業したりすることで、所有者に負担をかけずに手入れすることを日々心がけていきたいと思っている。

　次に、森林所有者の後継者たちの山への関心が薄いということが６点目の実感である。先ほども述べたが、手入れをしても還元がない、手入れをするだけ時間と手間のムダ、外に働きに行ったほうがよい、木材よりも良い建築資材がたくさんあるなど、様々な理由から山に魅力を感じなくなっている方が多い。父親は山を手入れしていたが、自分は境界がわからないという方が少なくない。実際に私の父親も、山林を所有していながら境界がわからないところもあると言う。所有者の世代交代とともに、山林の境界がわからなく

なり、手入れ不足の山林が増加する可能性がある。森林組合は地域に根差した組織であり、ますます地域や山林のために境界や所有者の確認を進めていかなければならないと感じる。

このような課題がある中で、私のような女性職員が増えていることは、うれしい実感である。雇う側は女性ということもあって心配もあるであろう。ある意味、覚悟が必要だと思う。雇われる側も体力と精神力が必要である。しかし、女性職員の増加は、今までの林業や風土を変えたい、何かしら変革したいという意思の表れではないかと思う。栃木県では、林業・林産業に従事する人や一般の方を集めて、異業種女子会（仮称）が設立準備中である。男性社会の林業に変化をもたらしたい。もっともっと栃木県材を PR するためにはどうしたらよいか、女性の立場から見た意見を活用していきたい。一人では微力であるかもしれないが、男性も女性も関係なく、みんなで協力しながら、少しずつ何かを変えていければと思っている。

今までの実感から見えた課題を整理すると、次の6点があげられる。①ベテランから新人への技術継承と人材育成、②就職する前の理想と現実のギャップを少しでも埋めること、③段取りをよくして仕事の効率を上げて給料に反映させること、④天候に左右されない仕事を生み出すこと、⑤補助金に頼らず所有者に還元できる林業にすること、⑥所有者を含めた地域の人々に山への期待を持ってもらうこと、である。これらのことが、若者を林業に定着させることや、森林所有者の関心に少なからず繋がっていくと確信している。

今後の目標

これからの森林組合での仕事の目標として、6点ほどあげたい。①コストはかかるが長期的な目で新人を育成して、その後の戦力を育てることに力を入れていくこと、②就職前に行っている林業就業体験を各現場でも行い、理想と現実の違いを埋めること、③段取りの能力を高めるために、コミュニケーションを頻繁にすること、④天候に左右されない雨の日の仕事として林産業にできることがないか検討すること、⑤技術を向上するために進捗管理をしっかりすること、⑥木材の価格を高めるために販売先や買い手に求められ

ている製品を見極めること、である。

　立ち上げ予定の異業種女子会や広報活動などによって木の魅力を発信し、たくさん木材を利用してもらうことで、受け入れる側、働く側の環境を整えて若者の林業への参加を促し、森林所有者の山林への関心を高めるきっかけになればと思う。見る立場によって考え方はそれぞれ違うが、森林組合で働く一女性職員がこんなことを考えていると、林業関係者ではない方にも感じていただければ幸いである。

パネルディスカッション

若者を山村・林業へ向かわせるためには？

座長（興梠克久・筑波大学）：私は、学生の頃からの研究テーマが自伐林家で、緑の雇用についても研究を進めてきた。その背景から、今回の論点を絞らせていただくと、まずは「若者を山村へ」ということだと思う。ここでいう若者は、主に都市住民が想定されているが、そういった若い人たちをどのように山村へと結びつけるか。小田切徳美氏は、まず「移住」、そして「定住」、「永住」と三段階に分けて、この問題を取り上げていたが、そういったことをもう少し掘り下げて考えてみたい。

　二つ目は、「若者を林業へ」ということで、林業の話になる。この点では、緑の雇用を軸にいろいろ考えていきたい。現在の補助金、間伐助成の体制の中でどのような森づくりができるか、ということにも非常に関わってくる。単に人を育てるという話だけでなく、山村の持続可能な森林利用にまで踏み込んでいければと考えている。その際、今回は特にいわゆる自伐林業や自伐林家の話は出てこなかったが、その部分にも注目する必要がありそうだ。というのは、最近の自伐林家で注目されている人たちの中には、地元の若い農家林家だけでなく、例えば、地域おこし協力隊として自伐林業に新規参入する方もおり、いろいろな悩みを持ちながら頑張っている方が多いからだ。彼らが、例えば定住や永住に至るまでにはどういう課題があるかということも

考えてみたい。

　最初に、「若者を山村へ」ということで、皆さんに踏み込んだご意見を伺いたい。移住と定住を混同して使っている人も多いが、今回は、移住とその後の定住を明確に分けて、皆さんは議論されてきた。そこでは、移住段階での支援、その後の定住段階での支援が個別に求められ、その支援には地域の行政や都市住民を繋ぐ中間組織の役割も含まれていた。金井さんは、人との付き合いないし繋がり、それと自分の役割あるいは信頼されるということが、若者の定住にあたって特に重要であると指摘された。また、山村へ行く側と受け入れる側のギャップを問題にされ、これを埋める役割を果たすのが、NPO法人地球緑化センター（以下、緑化センター）等の中間組織と位置づけられていた。この点、同じ中間組織と位置づけるべきなのかどうかを含めて、まず牧さんから、これらの点について持論をお伺いしたい。

牧大介：中山間地や山村で働きたい人がいても、ハローワークでの採用方法ではなかなか移住者一人ひとりに合った売り込みはできない。そこで我々は、企業でいう人事部という感覚で、地域としての採用をどのように進めていったらよいかを考え、各組織が単独で動くのではなく地域としての採用のプラットフォームをきちんと持たなければならないということで、2007年から西粟倉村での起業家的人材の発掘・育成

の取り組みを始めた。

ここでいう地域の人事部、村の人事部のようなものは、一種の中間組織と考えてよい。地域の集落の人たちと移住者だけで関係を完結させてしまうと問題は解決しにくくなる。そこに第三者が介在することで、うまく関係が熟成していく。問題がこじれた時にも、こうした中間組織がやはり必要になる。地域おこし協力隊というのは、今一番使い勝手がいい制度だと思うが、きちんと人を採用し育てていくという意識を役所側に持っていただく必要がある。いかにもお役所的な職員と、何とか地域でチャレンジしていこうという若者が直接コミュニケーションをとろうとしても、共通言語がないので、非常に問題が起きやすくなる。役所の作法もある程度わかっており、移住者の立場にもなれる、そういう人や組織が間に入らないと、お互いにうまくいかないことがたくさん出てくる。こういった意味でも地域に人事部的な機能を果たす中間組織のようなものがないと、せっかく政策的に用意されているメニューもうまく使えない。このような問題は多くの地域で顕在化してきているのではないか。

座長：中間組織というのは一つの具体的な機能だが、繋がりや信頼等、若者を移住から定住、永住へと導く動機については、ほかにどんなご意見があるだろうか。

奥山洋一郎：今回、給与面の話を中心としたが、賃金を単純に増やすのは簡単ではない。その先をどうするのか、という議論が重要になる。基本的には、山村において生活全体をコーディネートできる仕組みが必要だと考える。地域によって事情も異なるため万能の処方箋があるわけではない。しかし、牧さんが提示された中間組織は一つの解決方法だと思う。緑の雇用に関しても、事業体と研修生の関係がうまくいかなかった場合に調整できる組織があることは重要だ。

座長：金井さんの話にあった中間組織の役割、および山村の教育力についても詳しく伺いたい。

金井久美子：確かに緑化センターは中間組織という立場にある。行政と参加者が直接やりとりすると、非常にトラブルが多くなる。別事業で、緑化センターが森林ボランティアと林野庁の間に調整役として入って国有林を開放してもらいたいとお願いした時のこと。2年間、林野庁の業務課に通ったが、素人が国有林に入ってどうするのだと、だいぶ言われた。国民からはまだ遠い存在だった林野庁と、森づくりに対して熱い思いを持ったボランティアをどう繋ぐかに苦心した。最終的に森林ボランティアに国有林を開放していただくことができ、ボランティアの感謝の声を伝えると、林野庁もいろいろと協力してくれるようになり、土曜日も日曜日も出てきて森林管理署の作業手順などを教えてくれるなど、非常に良い関係が生まれた。

「緑のふるさと協力隊」の若者を山村に繋ぐ場合も、自治体と隊員の間に入って調整するのには、非常に手間がかかる。受入側の自治体の担当者は2年おきに人事異動で代わり、地域をどうしたいかということが見えてこないこともある。一方、隊員

は、熱意を持って1年間送り込まれる。そうすると、受け手の自治体において隊員をどう扱えばいいかとまどいがあったり、隊員との間に温度差があったりして躊躇したりする。そのため、新規受入れの自治体には緑化センターの職員が行って、首長や担当者と目的の共有から、住居や車等の具体的な受入体制の確認まで、いろいろな調整をしたうえで受け入れてもらう。

事業を始めた当初、隊員からは、地域は自分を必要としていないのではないか、自分が行ってもほったらかしだし、活動はないし、どうすればいいんだ、何で緑化センターはこんなところに派遣したのだと言われたこともあった。そこで、自治体の担当者に1か月ごとに何をやってほしいかプランを立ててもらうことにした。また、隊員が地域に繋がる暮らしができるように、住居をはじめ近所付き合いができる環境を整えるなど、地域で若者を育てるために自治体のほうで様々な用意をしていただくようお願いしてきた。

隊員・自治体担当者・緑化センターが一緒になって活動を進めるために、1年間を「起承転結」という四つの段階に分けて方向づけてサポートしていく仕組みを創っている。このように隊員と自治体の間に立って、段階に応じた調整等をやらないとトラブルが増えると思う。地域おこし協力隊などは、行政と若者が直接やりとりする事業なので、いろいろな課題が出てきているのではと感じる。

座長：齋藤さんは報告の中で移住・定住の条件をいくつか紹介され、また、今立ち上げ中の女子会の話をされていた。今後、女子会は町と山を繋ぐ重要な役割を担うことになると思うがどうか。

齋藤朱里：女子会については、私自身、県の方から誘われて活動に参加するようになった。先日シンポジウムを開いたが、林業関係者や一般の方など、たくさんの方に参加していただいた。ふだんはなかなか知り合いになれない人たちが出会える場にもなり、今後、行政や森林組合に何を訴えていけるのかまだわからないが、女性が活躍できるような情報交換の場になればよいと思っている。

座長：今日はどちらかというと都会の若い人の山村への移住・定住といういわゆるIターンを中心に議論がされてきた。しかし、奥山さんや齋藤さんの報告の中にもあったとおり、地元に暮らしてきた若者の中には、林業に積極的な意欲を持って取り組んでいる人もおり、消極的な理由で勤めている人もいる。

その中で、給料の面などいろいろな理由で辞めてしまう人の割合が多いという話があった。そこで、地元の若者たちが、林業、あるいは山村での多様な仕事を実現し、そこで定住するにあたってどのような課題があるのか、あるいは行政や中間組織の役割を含めてどのような展望を持ったらよいのか、より詳しく伺いたい。

齋藤：やはり地元では、地縁・血縁・ハローワークが3点セットになっていると思う。私自身も、地元出身者だからという地縁が関係して雇っていただいたのかもしれない。課題とその突破口については、会場

に来ている森林組合の上司（課長）に聞い
てみたい。

見越広美（大田原市森林組合）：ハロー
ワークで募集をかけても以前と状況が違っ
ており、林業への応募は少なくなってい
る。一般企業の求人が増えてきているのが
現状だ。ただし、中には組合の仕事をやっ
てみたいという若者も来る。3か月間の試
用期間後、本採用となるが、仕事をしてい
くうえで体力的に自信がなくなってきたり
とか、人間関係がうまくいかなかったりと
かで辞めていく人がいる。同じ仕事をして
いる仲間同士で、うまく盛り上がって残っ
ていく人もいる。現場としては、同じグル
ープや班なりで仕事をする中で、お互いに
悩みを聞けるという状況・環境を創ってい
くことが非常に大事だと思う。

牧：西粟倉でも就職がうまくいく人ばか
りではなく、出ていく人は出ていき、来る
人は来る。しかし、「定住しないといけな
い」と思うことが、いろいろな失敗に繋が
っているように思う。そもそも、なぜ定住
しなければいけないのか。住む場所も職場
も、自由に選べるという環境の中で、地域
側が「選ばれる」努力を地道にしていくし
かない。

　移住して地域に入った時に間違っている
のは、一生懸命地域の人たちと仲良くなろ
うとして飲み会などに積極的に顔を出し、
とにかく関係性を創って仲良くなることに
かなりの時間を費やしてしまうことだ。
3、4年経った時に地域の人たちは何を見
ているのかというと、その人が来たことに
よって何が変わったのか、その人が何を成

し遂げたのかということ。地道に何かをや
り続けて成し遂げた人は信頼されるが、信
頼されようと思って一生懸命やっている人
は、実は信頼されない。やはりその人が自
分の人生をしっかり生きるという、自己責
任と気合いのある人のほうが、結果として
信頼されるのを見てきた。もちろん、地域
のコミュニティの一員としての最低限の義
務はしっかりやる必要はあるが、それ以上
の部分は特に求められているわけでもな
く、そこでしっかりその人なりに生きてい
くことが大切であり、多少わがままを言っ
てもよい。だから、西粟倉村では、移住を
考える若者に対して「定住しなくてもよ
い」と最初に言いきっている。定住するこ
とを目的にするよりも、まずここで精いっ
ぱい自分のやりたいことをやってみるとい
うことだ。そして、一回やりたいことを一
生懸命やらせてもらえれば、地域に対する
感謝の気持ちが自然に蓄積していくので、
いろいろな人に支えられてここまでやれた
と思った時に、そう簡単に心情的に出られ
なくなってくる。

　そういう配慮がないまま移住者をどんど
ん受け入れても、結局出ていってしまうの
で、親戚がいるとか家があるとか、そこに
住む必然性を持っている人しか最後は残ら
ないことになってしまう。若者が、何年か
の人生をそこで生きるということを、どれ
だけ周りが尊重できるか、受け入れる側の
度量が十分あるかが、結果として定住して
いくか、長く働き続けていけるかというこ
とに関わってくる。だいたい不満を蓄積し
て出ていくというのは、やりたいようにや

らせてもらえない、大事に扱われていない、単なる手段としてしか自分が思われていないといったことが蓄積した結果として、最後は給料が安いとか、いろいろわかりやすい言い訳をつけて出ていく。直接的な理由として確かにそれもあるのかもしれないが、それが本当の理由かというと実はそうではない。

金井：牧さんのご指摘のように、若者たちがそこで限られた期間、一生懸命やっている姿を地域の人はちゃんと見ている。地域の人から「お前は本当に頑張っている。だから応援したい」と認められた時に、若者は心からの感謝とか、支えられているという気持ちを抱き、自分をしっかり見てくれていることに応えようと、能力を発揮するようになる。若者が「これをやりたい」と言うと、地域のみんなが協力し、実現していくという非常に良い循環が生まれてくる。そこで、若者を育てることで、地域も育っていくという関係が生まれてくる。まさに若者育てはムラ育てということに尽きる。

座長：宮崎県では、海岸部の国道10号線沿いに山から林業事務所を移し始めている。10号線沿いに事務所を構えて、町のアパートに住んでいる人が、片道2時間かけて山奥の林業現場まで通勤している。大分県の北部にもこのようなケースが見られている。とすると、確かに若者は林業をやりに来たのだけれども、それが山村への移住に結びつかないということになる。林業事業体も今は山村ではなく、町の中小企業として存在している。これを今日の議論の

中でどう位置づけるのか。

奥山：例えば、木材生産をするためだけならば、都市近郊の事務所から車で通勤して、現場で作業をして戻ればよいという考え方もある。しかし、本当にそれでいいのかについては、また別の議論が必要だ。山村社会を維持することの意味には、例えば文化の多様性や森林にとどまらない全般的な自然環境の維持等も含まれてくる。ただ、そういう多面性を林業の延長線上ですべて考えるのには無理がある。先ほど牧さんが指摘されたように、定住に対して一直線上に向かうと逆に定住に繋がらないのと同じく、何でもともかく盛り込むという姿勢では本来の目的から遠ざかるという面が出てくるかと思う。

座長：地域の資源を活かして仕事をし、収入を得ながら暮らしを確保していく観点からすると、宮崎のこの例は、地域資源の活用、あるいは山村の再生にはなかなか繋がらない。そういう問題が一方ではあるということを、もし林業事業体に都市から通うことを考えている方がいれば、念頭においていただければありがたい。

一方、13年間続いている緑の雇用というものを、今日の観点からどのように評価することができるのか、奥山さん以外のパネラーの方に伺いたい。

「緑の雇用」の成果と課題

齋藤：森林組合で働いていると、奥山さんが指摘されていたようなことを切実に感じる。私自身を含めて働く側と受け入れる側の意識の両方をもう少し高めていかなけ

ればいけないのではないかと思った。

金井：緑化センターは、赤沢や箱根などの国有林で森林ボランティアの活動を行っている。緑の雇用や山の仕事には、なかなか人が集まらないということを聞くが、我々の活動には、最近、非常に多くの大学生が来てくれるようになった。山のことを全く経験したことがないので、ここで活動して山を知りたいとか、環境問題という視点で山を捉えたいとか、あるいは将来、環境問題や森林の仕事に就きたいから現場を経験したいという思いで来る学生たちが非常に増えている。こういうところから人と山が繋がっていくとよいと思う。

牧：山村に住みつく人は山村で暮らしたい人だ。山が好きで、林業に関心のある人がたくさんいるわりに定着が少ないのは、思っていたより楽しく暮らせないからではないか。私は、今後の事業展開にあたって、例えば社宅の内装を自由にセルフプロデュースでつくっていくなど、最初から自分で暮らしを立てていき、愛着を蓄積していくプロセスを組み込んでいくつもりでいる。木が好きな人にはそのプロセスが好きな人が多い。例えば1町歩くらいでいいから、その人の好きにしてよい山を持たせてやるとか、山が好き、森が好きという気持ちや夢を実現できるようにしている地域や会社は少ないと思う。

地元の人たちは山とか畑を持っているので、本当に田舎が好きな人は都市に出ずに残っていく。でも、移住しようとする人は生活や生産のインフラを持っていない。何かしらの仕事のインフラを準備し、そこで

どう生きていくのか、どう生活するのかということへの配慮がある程度ないと、移住者が定着していくことはまずないと思う。緑の雇用も良い制度だとは思うが、仕事だけでなく、生活するために先に整えるべきことがあるのではないかという気がしている。

座長：確かに、例えば地域おこし協力隊の中には、自伐林業をやりたいということで入っても、用意される現場は放置林ばかりという人もいる。そうすると自分が何のために林業をやっているのか、なかなか思い描くことができず、将来設計ができなくて悩んでしまう。そのような時に小面積でもいいから自分の山を持つと、どういう山づくりをしていけばよいか等を、愛着を持って考えるようになる。山に対する考えを深める戦術として、山を所有することも非常に大事ではないかと思う。新規参入の若者、都会の若者が、山村に来て自伐林業をやるという事例が出てきているが、若者を林業へ結びつけるうえで、この土地所有のもたらす可能性は、とても重要だと思っている。

フロアＡ：私は高知県の安芸市という農業地域に住んでおり、新規就農という形で若者がたくさん入っている。自分たちの農業をやり、例えばトマトをつくって瓶詰にするなど、次の展開を読んでいる人がとても多い。林業に関しては、緑の雇用も含めて離職を非常にネガティブに捉えているように感じるが、積極的な離職というか、地域に住むために、または自分の家族を養っていくために森林組合などの事業体を離職

して森林に関わる仕事をされるということについてはどう考えるか。

奥山：緑の雇用で事業体に入った後、鹿児島大学の社会人林業技術者養成プログラムで勉強され、独立して仲間と事業体を起業した人がいる。この人は、その後に事業体経営に一度失敗し、別な事業体に就職して技術や資金面での体制を立て直して、自分の会社を開業することができた。この事例は、一時的な離脱を必ずしもマイナスに捉える必要はないという再起の重要性と、同時に林業一本で勝負することの厳しさを示している。林業は事業量等の変動が大きく、このあたりが難しいところでもあり逆に魅力的なところでもあるが、農業とは少し違う視点で独立を考えている方が多いのではないかという気はする。

新しい人材育成・確保の取り組み

フロアB：中間組織の重要性はそのとおりだと思うが、例えば牧さんや金井さんのような存在を全国各地で増やしていくためにはどうすればよいだろうか。

金井：自治体の受入体制がしっかりしていない状況では、双方の間に立つコーディネーターを養っていくことが最も重要だ。総務省に足を運ぶたびに、今後、地域おこし協力隊の経験者や緑のふるさと協力隊のOBやOGなど、農山村経験者をコーディネーターとして活用していかないと、国が大きな予算をつけてただ若者を農山村に繋げようとしてもうまくいかないと主張することにしている。

座長：大学が本来果たすべき役割でもあると思うが、なかなかそこまで貢献できていない。東京農大のようにコーディネーター・中間組織をサポートしているところはあるが、私が勤務する筑波大学をはじめ、多くの大学ではなかなかできていないという点は反省したい。

フロアC：牧さんは、いろいろな仕事を創り出していくクリエイティブな人たちを集めているという話をされた。でも、そんなにクリエイティブな人が日本の若い人たちの中に多くいるのかという疑問がある。そういう人たちを牧さんが集めていくと、みんな西粟倉村に集まってしまって、ほかには残らないのではないかと思うが、いかがか。

牧：クリエイティブな人材はとても役に立つので、デザインができるとか、ものを創れる人は地域では戦力になる。うちの村に移住している人の中には、美術大学・芸術大学出身の方がものすごく多い。林学の学生には、あまりこうしたデザインやビジネスに秀でた人がおらず、美大・芸大出身者に林業のことを教えたほうが早いと思う。クリエイティブな人はどんどん増えている。

私の感触としては、まだまだ地域で活躍できるクリエイティブな人材がいるのに、そういう人材を探して採用する努力をしている地域が圧倒的に少ない。クリエイティブな人たちは自分たちで仕事を創る。だから、仕事を用意するという発想を捨てて、自由に遊べる場所と田んぼや畑のほかに、家を自由に改装してよいとか、十分な自由度を与えると、そういう人たちは勝手にそ

第5章 Wood Job ルネサンスへの道

こに入っていく。仕事とか暮らしで完成度の高いものを与えないようにすることが、却ってクリエイティブな人材を確保することになる。

フロアD：若者といってもいろいろな人がおり、消極的に林業を選択した人もいれば、自己実現のために林業をやっている人もいる。そのような中で、緑の雇用というのはある意味、現場労働者に特化したような政策だが、もう少し高いレベルの若者を林業に取り込むためには、どういう政策が必要になるか。

奥山：鹿児島大学で実施している社会人林業技術者養成プログラムの目的は、林業現場で頑張っている人に新しい考え方を身につけてもらうことで、これを我々はOSのアップデートと呼んでいる。受講生の皆さんが現場に戻り、新しいOSでこれまでの常識とは違うことをやってもらいたいと考えている。これまでに150名弱が修了しているが、その横の繋がりを促して、鹿児島大学プログラムの修了生には九州の林業界で自分たちのレベルやステータスを高めてもらいたい。

座長：緑の雇用というのは、フォレストワーカー、フォレストリーダー、フォレストマネージャーというようにステップアップしていく仕組みだが、あくまでも現場管理にとどまっている。私も、現場管理にとどまらず森林管理全般にわたる視点が必要だと思っている。現状の制度の中で、急速な変革は難しいため、段階を踏んで少しずつ改革していかなければならないのかもしれない。

ここまで、「若者を山村へ」、「若者を林業へ」ということで議論してきた。ただ、現在、山村や林業に向かいつつあるのは若者だけではないことも指摘しておきたい。定年帰農という言葉があるが、定年を機にUターンして自営農林業に従事する、あるいは、地元で兼業農家林家としてやってきたが、年金生活だけでは厳しいので、リタイアを機に自営業を復活させる高齢世帯が出てきている。そういう人たちがそこに定住して、山村集落を現状維持しているという実態がある。そこでの問題は次の世代への繋がりということになるが、その点も改めて議論する必要がありそうだ。

最近、田園回帰の波にのって農山村が注目されている。これは何も一過性のブームではなく、歴史的に考えると戦前は「農本主義」として、天皇制に国民、農民たちを統合していくイデオロギーとして田園志向は使われていた。戦後になると、徹底的に村を近代化するということで、集落の消滅が出てきた。その後、1970年代に入って、都市における近代化批判あるいは都市の自己批判としての新しい農本主義・田園回帰が出てきたとも捉えられる。村をどんどん近代化して町にしていくのではなく、村を残し、かつ村の機能を強化しようという考えだ。こうした歴史的な視点も踏まえて、今後の田園回帰、ルネサンスへの道―若者を山村、林業へ―という動きを捉えていければと思う。

199

第6章 子どもと森のルネサンス
育てよう 地域の宝もの

日時　2016年10月1日（土）
場所　東京大学弥生講堂

報告者

若杉 浩一
パワープレイス株式会社

井倉 洋二
鹿児島大学

高橋 直樹
北海道中川町役場

福田 珠子
全国林業研究グループ連絡協議会

馬場 清
東京おもちゃ美術館

パネルディスカッション座長
山本 信次　岩手大学

第6章　子どもと森のルネサンス

第1報告

都市と地域と子どもを繋ぐデザイン
―日本全国スギダラケ倶楽部の活動―

若杉　浩一（パワープレイス株式会社）

ふるさとのスギが意味したこと

　私は熊本県の天草出身である。目の前には海、後ろは、スギ山という田舎で育った。それが、デザインに目覚め、九州芸術工科大学（現九州大学）で、工業デザインを学ぶことになる。日本の企業が元気で、世界のデザインが未来を創っていく、そんな感じがしていた。大学卒業後は「デザインというのは世界を素敵にする仕事！」と信じて今の会社に入社した。しかし、デザインは世の中を素敵にするどころか、利益だけを追求し、消費経済を煽る、片棒を担いでいる仕事だということがしだいにわかり始める。

　会社で「よいものって何ですか？」と聞くと「それは、売れるものだ」と返される。「売れた先に、何があるのですか？」と聞くと「売れた先には、経済がある」と返される。「経済の先には、何があるのでしょうか？」と聞くと「経済の先には経済だ！！」ということなり、永遠に答えは見つからないのだ。とうとう「余計なことを考えるな、真面目に仕事をしろ！」ということになる。「真面目に仕事しているのですが、どうも心が、心が納得いかないのです」、「おまえは、面倒臭いやつだ！！」ということになる。

　好きなデザインを思えば思うほど、デザインというものがうさん臭いものだと感じ、経済を求めれば求めるほど、何だか感じが悪くなるのだ。反抗するように余計なデザインばかりやり始めた結果、30歳の時に私は、デザイナーをクビになった。都合、約10年間、ドサ回りすることになったのだった。

　そして、デザインに復帰後、突然40歳にして"発病"した。

　故郷の疲弊と木の営みの消滅が重なって見えた。地域には木を中心とした

203

暮らしがあって、まちには木の香り、製材所の音がして、経済がきちんと動いていた。それが、林業だけがなぜか衰退してしまい、地域がどんどん荒廃していく。その地域の荒廃を煽ったのは、ひょっとしたら私たちプロダクトデザインの功罪かもしれない、このような偏った消費社会を創ってしまったのは、我々の企業の問題かもしれないと思い始めた。

　スギという代物が抱えている問題が、今の日本の社会の最抽象的な命題のような気がしてならないように思えてきた。もし、デザインが社会的な資本・資産だとすると、デザインが地域社会の問題に切り込むのは至極当たり前であり、お金があろうがなかろうが、それをやれないようではダメだと突然思い始め、日本全国スギダラケ倶楽部を立ち上げた。したがって、これは会社の活動でも何でもない、出口が見えない、意味不明な活動なのだが、この16年間で約2,300名の会員数になった。本部は東京、私のオフィスで、現在全国で24の支部が存在している。また、WEB月刊誌「杉」を毎月発刊している。

　最初は、全国どこにでもある、スギの角材でできた、杉太と杉子という家具を商品化しようとした。しかし、会社からは、馬鹿者呼ばわり。スチール家具業界で、スギの角材を売るとは何事だと。その角材は、色は違うし節の数も違う、曲がるし反るし、そんなものはクレームの塊であると言われた。

　私にとって「意味不明だ」とか「やるな」と言われると、それは「行くべしというコト」と勝手に変換されてしまう。そして、全国津々浦々、土日にスギを求めていろいろな産地に行くようになった。すると、だんだ

スギの角材でできた杉太と杉子

第6章　子どもと森のルネサンス

ん荒れた山を何とかしたいという気持ちになり、田植えや稲刈りまでするようになった。地域の人たちと仲良くなるために、毎度、飲んだくれて、土日には家にいなくなる。しかも自腹で行く。そうすると、家庭は、どんどん不和になる。最後は不倫疑惑まで起こる。なかなかうまくコトの意味を自分でも伝えられないのだ。何の後ろ盾もなく、ゼロ円デザインをいろいろな地域でやるわけだから、当たり前だ。しかし、今思えば、お金がなくてよかった。へたにお金があると仕事になる。そして、仕事はお金がなくなったら縁の切れ目になるからだ。

　我々はお金がないのに始めるので、使えるものは、知恵と自分の時間と肝臓しかない。したがって、お金がないので、お金を求めている人は来ない。純粋にこの地域のためにと思う人だけが、残っていく。

　意味不明な活動も5年も続くと、さすがにいろいろなコトやモノができる。地域から奴らは変だという話になるのだ。おまけに、楽しそうにしているから。そして、しだいに町がスギダラケになっていく、スギの屋台やヒノキの金魚、ヒノキンギョをつくったり、スギで神様の仮面をつくったりしながら、その土地土地で、じわじわと地域の木の風景を再生させていく。

　全国のメンバーが、スギという日本人が忘れてしまった何かを取り戻すために、一肌も二肌も脱いで活躍してくれるのである。そう、スギダラとは、大切な何かのために身を捧げてくれる仲間の集合体なのだ。

子どもたちと駅前を賑やかにするスギ屋台をつくる

　このような活動が一つの意味をなし始めたのが、宮崎県日向市、駅前再開発のプロジェクト。スギダラの仲間からの誘いで地域のスギを使った駅舎や、まちづくりをやろうということで始まった。

　まちづくりを市民とともにやろうということで、一般市民だけでなく、子どもたちとワークショップをやりながら、約半年間、駅前周辺を賑やかにする屋台を子どもたちとデザインしてつくった。子どもたちの頑張りは、やがてお母さんやお父さんたちを動かしていく。正しいことには、女性は真っ直ぐに反応してくれる。そして持続する。この持続する力が、実は日本全国スギダラケ倶楽部の本質といってよい。

205

スギ屋台で町を賑やかに

　会員の半分ぐらいが女性である。しかし、これがもし男だけだったら、たぶんこの倶楽部は続いていないに違いない。林業関係者の集まりは、だいたい男が多い。駄洒落を言っても、ビクリとも空気が動かない。

　そんなことで、屋台をデザインし、市民と一緒にまちづくりに取り組んだ。やがてスギの駅舎もでき上がり、日向市駅は豊かな駅に生まれ変わった。

　自分たちが参加した駅は、地域の人たちにとって、他人のモノじゃない、子どもたちがつくった、自分たちがつくった駅なのだ。そのため、とても大切にしてくれる。週末ごとに駅前でイベントをやる、人が集まる、人が集まると、人が人を呼ぶ、人がもっと集まると、活気を帯び、やがて、それは経済になる。どこにでもある、裏寂れたこの日向市駅は、市民の活動で収益の上がる立派な駅になり、その成功事例がまた人を呼ぶ。このプロジェクト以降、経済とは、地域の人と企業と行政が手を繋ぎ、元気に活動することから始まるのだとわかった。

　地域の人たちとともに地域の素材を使って楽しくする。地域の未来に地域と一生懸命に仲間として取り組む。すると企業は地域から家族と呼ばれるよ

第6章　子どもと森のルネサンス

うになるのだ。

　JR九州は、この活動によって地域との繋がりを発見した。そして鉄道業から、九州を元気にする企業として生まれ変わった。今年、過去最高の収益で、一部上場も果たした。そばから見ても、本当に地域から愛される、面白い企業になっている。こんな会社が世の中に増えてくれば素敵だと思う。

　結局、市民と社会と企業というのは別々の存在ではなく、一つ屋根の下にいる家族だということなのだ。

生まれ変わった日向市駅のオープニングセレモニー

地元の木材を使ったビッグファニチャーを全国に

　スギダラの宮崎県メンバーの依頼で、宮崎空港の手荷物検査所のデザインをさせてもらった。家具か建築か、ギリギリでデザインした。県の判断は、家具であるということだった。家具のような、パーテーションのような代物であれば、建築物と違い内装の制限等がないので、木材が使えるのだ。これには新たな市場が開かれる可能性があると気づいた。そして、この大きな家具「ビッグファニチャー」の市場を創りたいと思うようになった。

　波乱万丈、試行錯誤の末、昨年、WooD INFILL（地域産材活用プロジェクト）と名づけ、製品をリリースした。WooD INFILL は、「Box in Box」という建築内に木質建築を家具的につくる手法だ。

　建築躯体を傷つけるなどの大がかりな工事を行うことなく、室内の木質化ができるのだ。このプロジェクトにより、地元材を使用するビッグファニチ

207

ャーとしての新しいマーケットがようやく花開くことになった。全国の地域産地（木材）、栃木県鹿沼市（金物）、そして株式会社内田洋行（パワープレイス株式会社は内田洋行のグループ傘下）が流通・販売、デザインとそれぞれを持ち寄りながら、新しい市場を創る試みが始まった。

　現在、このプロジェクトは、キッズルームのユニットとしても展開されている。その一例として、先日、函館空港にハコダケ広場というキッズルームができ上がった。すべて地元材でつくられている。

　子どもの空間は、安全・安心、簡単という空間ばかりだ。安全を考え、柔らかい、投げても、乱暴にしても大丈夫というモノだらけだ。でも、子どもにとってそんなモノが本当に面白いのだろうか。ひょっとしたら、子どもの空間って、大人が創った子どもの空間ではないのか。私たちが子どもの頃は、もっと危険がいっぱいあった。ハラハラしながら、工夫して、遊びを見つけだしていた。簡単で、安全で、安心で用意されたモノって、果たして楽しいのだろうか？

　ハコダケ広場のキッズルームの空間は、屋根裏部屋に上ったり、床下に潜

大きな家具「ビッグファニチャー」（宮崎空港の手荷物検査所）

ったりできるような感覚をデザインした。道具をデザインしたのではなく、子ども心をデザインしたのだ。おもちゃも、何にもない。45 度の傾斜をつけた斜面、そして狭い迷路のような空間の連続。へたすりゃ痛い。バリアアリー空間だ。しかし、この場所は、クレームが出るどころか、人気の空間になった。

やはり、子どもの空間とは、子どもだけが遊ぶ空間ではダメなのだ。遊び場は、大人も子どもも面白い、素敵だと思わなければならない。お父さんやお母さんの笑顔が必要なのだ。世代を越えて楽しめる多様性が必要な気がする。そもそも、遊びは創るもので、発見することが楽しいのだ。

あまりにも具象的なデザインで、子どもたちの豊かな創造性を阻害する遊びはいけない。私たちが子どもの頃は、ただの木切れや石ころで遊んでいた。おもちゃがなかったからかもしれない。ただの木切れがピストルやスーパージェッターの流星号に私には見えた。意味のないモノに意味を見つけるほうが、ずっと楽しいのだ。

子どもたちは、多様な環境の中でこそ豊かに育つ。おもちゃだけじゃない。自然があったり、地域の大人たちがいたり、たくさんのマテリアルや人の中で育つのだ。でも最近は、親と子どもと先生の三者の関係しかない。合理的だが、豊かな感じがしない。一番大切なのは、社会という代物、ろくでもないものも、美しいものも両方あるのだという本質を伝えることだろう。本当の喜び、楽しみだ。自然は思うままにならない、美しくもあり、脅威にもなりうる。木だって、美しくもあれば、朽ちていくし、肌ざわり、におい、温度、いろいろな情報が詰まっている。簡単で便利な素材ではない。そのようなことを含めて伝えていくことが大切な気がするのだ。

もう一つの例として、最近、岐阜県立おもちゃ美術館（森の恵みのおもちゃ美術館（仮称））を手掛けている。この空間は、建築ではなく、森や山、野原で遊ぶ楽しさを再現したかった。子どもにとって一番楽しいのは、外遊び、自然ではないだろうかと思ったのだ。しかし、その空間を創る時に、建築は建築屋、遊具は遊具屋、家具は家具屋と分業化する。大切な、楽しさや風景を忘れ、それぞれの任務を全うする。それは変ではないか？　枠を取り払い、木だらけの木の山をつくってしまいたい、そう思った。

モノづくりというと、つくることから始まってしまう。私たち専門家は、専門性を活かし、いいモノをつくろうとする、でも本当にいいモノって何なのだろう？

身近に、山に美しい風景がある。山で木を伐っている人たちがいる。そこで、生きている人がいる。この人たちと繋がりながら、その風景を一緒に再現したいと思い設計した。だから、柱は立木のままで木の山がある。おもちゃが主役ではなく、木と子どもたちが主役なのだ。たくさんの人たちや、豊かな素材に囲まれて育ってほしいという思いをみんなで形にすることにしている。

ともに喜び感謝し誇りに思える「共感」の社会にしたい

皆さんご存じのように、現在、日本の木材自給率は30％ほどだ。世界第3位の森林資源を保有しながらこの状況なのだ。したがって、資源の源である山は荒廃し、地域産業をダメにしてしまった。それは、私たちの便利で、簡単で、豊かな消費社会が引き起こした結果なのだ。

私たちは、私たちの見えないところで、こういうことをたくさん起こしていて、消費しているのだ。そして、相変わらず日本はたくさんのモノを輸入している。目に見えないところで、地域の環境や自然を破壊している。本当にこれが美しい生き方なのだろうか？　私たちの手に、子どもたちの未来に負の資産を遺すか、豊かな未来を遺すかがかかっているのだ。

大切なのは、安いとか簡単とか便利という基準によってモノを消費していく社会ではなく、循環する森林の資源を使いながら、ともに喜び感謝し誇りに思い、豊かさや、幸せ、そして文化を再生していく社会を創ることのような気がする。

生産者、消費者という一元的な考え方ではなく、ともに創り、育む仲間「共感の関係のデザイン」つまりモノではなく、モノの背後にあるモノガタリの存在だ。

今までデザインは生産者と消費者のモノをデザインしていた。しかし、これからのデザインはこの関係性を翻訳し表現することに意味があるような気がする。木を木材として見ていると、価値が低くなるが、たくさんの生物を

育む、あるいは地域の風景・風土・文化、そういったものと繋がっている環境資源の一部だと捉えると、もっともっと価値を生み出せるような気がするのだ。森という環境資源のカスケード利用と価値の生成、関係性のデザインをしていかなければならないような気がする。

スギダラケ倶楽部は、企業、個人あるいは地域、行政がそれぞればらばらになってしまっている社会の中で、もう一度繋ぎ直して新しく価値を創ろうという運動だ。

目的が経済だとすると、稼げない人、ハンディーがある人、老いた人たちを排除することになる。しかし「幸せ」という代物は、社会のすべての人が自分の役割を全うし、認められ、ともに支え合い、懸命に生きていくことだ。だから、今そこにある循環する大切な資源、財産を未来に「幸せ」という形になるように、私たちが手を取り合い、最新の技術を使い、愛を持ってデザインすることは、大切なテーマだと思っている。この、未来に繋がるテーマがここに、手の内にあると思うと、心が震えませんか？

誰かの仕事でも、学びでもない、国民運動のように思う。

皆が、一市民として、ともに手を取り合い、未来に向かって活動することのような気がするのだ。

第 2 報告

体験から学ぶ森と川のプログラム
―演習林における小学校の総合学習―

井倉　洋二（鹿児島大学）

13 年前に始まった「川の源流探検」と「森の探検隊」

　私は、鹿児島大学の附属演習林（高隈演習林）の教員をしている。元々は砂防とか水文の分野を研究していたが、演習林が子どもたちを受け入れたことがきっかけで、今は森林環境教育とか自然学校などを専門にしている。

　17 年前、1999 年（鹿児島大学演習林に着任した翌年）に文部省からの勧めもあり、演習林が子どもの体験活動を受け入れるようになった。森林環境教育と呼んでいる活動を大学の演習林で始めた。これは単に演習林が地域社会に貢献するだけでなく、学生の教育にも応用するなど、広い意味があると思いながらやってきている。

　代表的な活動の一つが、「こども森林教室」。地元の小学 5、6 年生の「総合的な学習の時間」を使って演習林で様々な体験活動をしてもらうもので、2000 年から始めた。しかし、何となく始めたため、3 年間やってきて反省点がいくつか出された。学校側とうまく連携できていない、学校側も総合学習の時間には何をすればよいのかよくわからない、急いでプログラムを作成したのでプログラムも不十分、また指導者のスキルもまだまだ。そこで、そのあたりを改善するために、学校の先生たちと入念に打ち合わせをし、それに沿った形で私たちが改めてプログラムをつくることになった。指導者は事前に研修を受けて、教育的な成果が上がるような活動を目指そうということで、2003 年から再スタートした。

　「こども森林教室」には、「川の源流探検」と「森の探検隊」があり、川と森を 1 日ずつ体験する。「川の源流探検」では、水の循環を体感する、川の多様な自然を体感する、そして、友だちと協力して難関を乗り越えるという

第6章　子どもと森のルネサンス

この森の神様
「スダジイ」に登る

三つを主なねらいとしている。それに向けて、アクティビティーをいくつか組み合わせる。生き物の観察をしたり、川の中の自然を発見するためにビンゴゲームをやったり、感性で自然を受け止めて、それを俳句にしたりするなど、いろいろな活動がある。また、険しいところでは友だちの手を借りたり、助け合ったりして沢を登っていくことで、人との協力関係も学ぶ。

「森の探検隊」では、森と親しむ、森の働きを知る、森の生きものを知る、そしてそれらの繋がりを知ることなどを目的にしてアクティビティーを組み合わせる。例えば土壌の観察。森林の土は柔らかいが、その柔らかい土はいったいどうやってできるのかを探っていく。土の中の生きものや葉が腐っていくところを見ながら、水の浸透実験をする。森に降った雨が、土壌の中に吸い込まれ、それが川の源流に繋がる。水がこのように循環していることを体感することで、「川の源流探検」との有機的な繋がりを持たせている。

広大な大学演習林をもっと広く活用できないか

こういうことを始めた大きなきっかけに、当時、ちょうど小学校の授業に「総合的な学習の時間」ができたことがある。総合学習では、環境とか森林、水などの問題がテーマとしてよく取り上げられていた。また、環境教育推進法という法律が2003年にできた。そういったことで、体験学習とか、自然体験とか、環境教育などの需要が非常に高くなった。一方、私たちの演習林は非常に広い。鹿児島大学の敷地の90％以上を占めており、職員もたくさんいるが、教育として使っているのは、農学部の森林・林業のコースの学生のみ。これでは非常にもったいない。もっともっと使えるのではないか。よ

り広い利用ということで、何かやろうというのが背景にあった。

人気メニューを三つ紹介したい。先ほど述べた「川の源流探検」では、川が始まるところ、湧き水を実際に見てもらう。肝属川の支流の串良川の一番源流に私たちの演習林がある。でも実はこの肝属川の水質は、全国の水質ランキングで常にワースト10に入る。九州ではワースト1になるような川である。鹿児島県はブタ、ウシ、ニワトリの飼育が盛んで、畜産農家がとても多い。今はかなり改善されているが、とにかく下流は汚い。

最初に串良川の下流にある串良小学校の児童たちが来てくれた。そして、体験後に小学3年生の女の子から感想文をいただいた。手紙にはこう書かれていた。「水のカーテンという、この湧き出しているところ、そこでペットボトルに水を移して学校に持って行きました。私が『串良川の水、持ってきた』というと、みんなが『えー』といいました。私は「串良川の源流の水だよ」といいました。そしたらみんなが『飲めるの？』といいました。私はみんなの前でおいしそうに飲んで見せました。とても楽しかったです」。下流の子どもたちに、「串良川ってどんな川？」って聞くと、みんな声をそろえて、「汚い。臭い」と答える、そういう川。その川の水を取って、学校へ持って行き、友だちの前で飲んで見せた。格好いい。つまり、串良川の水も源流に行くと水がきれいなことを、この女の子は体験をもって知った。我々もこのインパクトを実感して、その後もこの活動を続けている。これは、大学生や大人、年配の方にもできる。水の循環だとか川の自然だとか、そういったことを体で直接感じることができる、非常に面白いプログラムになって

子どもたちと
学生リーダー
（川の源流探検）

いる。

　二つ目がナイトハイク。これはよく最近あちこちでやっていると思うが、これも面白い。灯りをつけずに夜の森を散策する。眠っている感性を呼び覚まされるような、そういう面白さがある。

　三つ目はたき火。これもありふれたことのように思われるかもしれないが、今の子どもたち、学生もそうであるが、たき火とか、火を使う機会がほとんどない。炎を見ること自体がとても珍しいし、ましてやこういう大きなたき火とかキャンプファイヤーは、たぶん一生に一度経験したことがあるかないかかもしれない。火を囲むことで、精神的に安らぎが得られるし、また、周りにいる人とも打ち解けやすくなる。そういったことは体験してみないとわからない。それともう一つは、やはり木が燃やされる、木が燃料として使われることの意味を知る機会になる。昔は木を燃やすことは当たり前であったが、今では当たり前ではなくなっている。そのことの意味を知り、これからのエネルギーをどうするか、そういったことを考える教材としても、たき火は非常に優れている。森林環境教育の中ではとても面白い、使える教材であると思う。

「おおー！」林業って面白くて格好いい

　新しい取り組みとして「林業体験」を紹介したい。当初、林業体験は、いきなり木を伐ることから始めた。でも、その時の先生たちの感想は「え、木を伐るんですか」であった。改めて林業というものをきちんと理解してもらっていないことがわかり、その後、しばらく林業体験は実施しなかった。数年空けて、2008年からまた始めた。一番のねらいは、林業を通して人と森の関係や森林の利用について知ってもらうことである。

　体験の前に導入の授業をする。小学5年生の3学期に行うので、社会科の教科書に林業とか森林が出てくる時期にあたる。でも、教科書ではあまり林業が強調されていない。国土を守る森林とか森林の多面的機能とか、そのようなことが主であるため、林業という「仕事」について、子どもたちはあまり知らない。そこで最初にこういうことを尋ねる。「みんな、林業って、何？」、「林業は、○○を○○る仕事」という穴埋めクイズを出す。たいてい

215

の子どもは、「木を伐る」とか、「木を植える」と答える。「木を伐る仕事」、「木を植える仕事」、「森をつくる仕事」など。「山を守る仕事」、もっと面白いのは「人をつくる仕事」とか「地球を守る仕事」とか、いろいろな答えが出てくる。いずれも、正解。不正解ということはまずない。これだけを見ても、林業は多面的な仕事であることがよくわかる。

　そういうことを認識してもらったうえで、実際に苗木をつくっている苗畑を見る。それから、皆伐地で植林をする。かつては皆伐した後の風景は各地で見られたが、今ではあまり見られなくなっている。そのほか、枝打ちをしたり、鋸で間伐をしたりする。でもその体験だけで終わるのではなく、大事なのはその後である。我が演習林は林業がとても盛んで、人工林、森林の資源量、それから生産量もおそらく全国の演習林でもトップクラスだと思う。林業機械をガンガン動かしている。職員がチェーンソーで大きな木を伐り倒し、プロセッサーでトントンと玉伐りにし、フォワーダーで運ぶ一連の作業を見てもらう。子どもたちは、「おおー！」という感じで、それに見入る。これは大人にも面白いと思うが、子どもたちにとっては衝撃的であり、特に建設機械が好きな男子にとっては無茶苦茶面白い。このような世界があることを子どもたちに知ってもらう。おそらく、こういう林業体験プログラムは他所ではできないと思う。林業という仕事を知ってもらう。林業が、すごく面白く、格好いいということを子どもたちに擦り込みたい。そして、将来、大人になった時に、林業をやろうという人が少しでも出てくることが、日本の林業界にとって大事なことだと思うので、少人数ではあるがこういう形で林業を知ってもらう取り組みを行っている。

　授業の最後に、この日のまとめをする。林業は「木を伐って使う仕事」。でもその木は自分たちが植えたわけではなく、先人が育てた木。もう一つ、林業は「木を植えて育てる仕事」。だけれども、それは自分たちが使う

鋸を使って間伐にチャレンジ

のではなく、未来の人のために植えて育てる。林業の仕事は 50 年 60 年という長さがあるから、世代を越えなければならない。こういう仕事は、ほかにはない。林業は、過去と未来を繋ぐ仕事。林業って、こんな愛と夢のある仕事というのがオチで、この林業体験を締め括っている。これが最近やっている、面白いことの一つである。

さて、様々な活動を長年やってきた成果について、2 点ほど述べてみたい。一つ目は、本物の体験を子どもたちにさせることで、豊かな感性と知的な好奇心を育むことができたこと。二つ目が、学生が参加することによって、学生のコミュニケーション能力、表現力、創造力、企画力など様々な能力が向上したことである。これは通常の講義や実習ではなかなかできないことで、新しい大学教育といってもよいだろう。このように、地域貢献と大学教育を同時に実現する取り組みを、今後もっともっと進めていきたいと思っている。

山村集落の暮らしや文化を体験する「大野 ESD 自然学校」

演習林の事務所の近くに大野原という集落がある。大正 3 年（1914 年）の桜島大噴火の後に被災した桜島や垂水市の住民が開拓してできた村で、演習林とともに 100 年余りの歴史を歩んできた。

その集落にある学校が、2006 年 3 月に廃校になった。その時に市と連携して、この廃校施設を活用した「自然学校」を創り、演習林で受け入れてきた総合学習やその他の体験型環境教育活動を全部ここに一本化しようということになった。それが「大野 ESD 自然学校」である。市の職員が常駐している。演習林の森林や自然だけでなく、集落の人たちにも協力してもらうことで、山村集落の暮らしや文化を体験することができるようになった。環境教育としては森林だけでなく、もっと幅広いことができるようになった。そのおかげで、垂水市内を中心に、学校関係者や子どもたちの利用が飛躍的に増えた。

この活動を支えるのは学生スタッフである。まず、学生がボランティアスタッフとして活動に参加する「たかくま森人クラブ」という団体を創り、それをサポートする仕組みを創った。そして 2013 年にはこの学生ボランティ

ア団体が発展して、「NPO法人 森人くらぶ」という組織になった。単にボランティアとして活動するだけでなく、事業化していこうということで、持続可能な農山村社会を創っていくための新しい仕事づくり、起業を目指している。

　最後に、ここ1、2年の動きを紹介したい。私どもの演習林は文部科学省の教育関係共同利用拠点に2年前から認定されており、他大学に利用を呼びかけている。それで昨年から、長崎大学教育学部の教員養成課程の教員と知り合いになった。その先生は地元垂水市の出身の方で、ゼミの授業としてものすごくパワフルに演習林を使っていただいている。年間延べ150人くらいの学生に利用してもらっており、先ほどの総合学習の指導には毎回10人を超える学生を連れてきて、児童たちの指導にあたっている。学生はさすがに教育学部で教育学を学んでいるだけあり、私たちにはない視点がたくさんあり、この総合学習の受入方法やプログラムの内容などについて、もう少し見直そうという動きが出てきている。大変ありがたいと思っている。

　地域の子どもたちと、その学びを支援するための学生の学びという両輪、その二つの両輪を軸に、私たちは活動を展開しているし、今後もそのような活動を続けていきたいと思っている。

地域の伝統芸能「棒踊り」を継承する

第6章　子どもと森のルネサンス

第3報告

北海道の森の恵みを都会の子どもに

高橋　直樹（北海道中川町役場）

明治時代にはエゾマツの大樹が広がっていた中川町

　最初に中川町について簡単に説明したい。中川町は北海道の最北部に位置し、人口は1,676人（林業従事者36人）で、主な産業は農業と林業である。畑作の最北地に位置しており、町の南半分が畑作、北半分が酪農である。面積は5万9,490ha あり、その87％が森林（82％が天然林）である。大部分が天然林であるところに大きな特徴がある。

　明治29年（1896年）1月12日付けの小樽新聞に「到るところに蝦夷松の大樹あらざるはなく、天塩産物中の第一を占めるものは此木材ならん」という記述がある（「天塩國の森林資源」）。中川町を含む天塩川下流域は、当時、天塩国と呼ばれており、この一帯には見渡す限りエゾマツの大樹が広がっていた。しかし、現在、天然に自生するエゾマツはほとんどない。北海道大学の研究林とか、ごく限られた流域に自生しているだけである。エゾマツは苗の生産が難しく、人工的にも回復できていない。

　このような歴史を知り、森林を管理しながら現在の山の状況を見て気がついたことは、林業はサイクルではないということである。森は全く同じ元の場所には戻ってこない。真正面から見れば、同じところに戻ってきているように見えるが、実際には螺旋でしかない。だから伐って植えたら必ず元に戻

219

るのかというと、それはその状況とか環境とか地域による。もちろん樹種にもよる。したがって、自然に対して人間はまず謙虚でなければならない。人間が万能であると思い込んではいけないという考えが、中川町の林業の取り組みの根底に流れている。

旭川家具の長原さんの言葉が私の人生を変えた

日本五大家具産地に数えられる旭川で、家具メーカーを一代で築き上げた方に長原實さんがいる。長原さんは、旭川家具黎明期に単身ドイツに留学して、家具づくりを学んだ。ドイツに留学し、ドイツには北海道産のミズナラが山と積まれているが、北海道の家具製造の現場を見ると、道産広葉樹ではなく、外国産材でマーケッティングをしている。そこで一念発起して、北海道に戻ってきてカンディハウスを立ち上げた。

ある日、長原さんに「高橋君、林業をよくするためには何がなければならないと思うか」と質問された。家具の世界の方だし、専門的な返答をしてよいものか戸惑っていた。思い浮かぶことはたくさんある。集約化、機械化、担い手対策とか。ところが長原さんの答えは「高橋君、馬に乗りなさい」だった。ドイツのフォレスターは、ライフルを持ち、馬に乗り、パトロールしている。司法権も持っている。地域のお婿さんにしたい職業ナンバーワンだし、子どもの憧れの職業ナンバーワンだと言う。この長原さんの言葉が私の人生を大きく変えた。

以下、町が目指す林業の姿、森と関わり暮らすことの意味、「林業」を子どもたちの憧れにしていく取り組みなどについて話したい。

効率重視の均質で単純な森づくりはやりたくない

北海道には市場があまりないので、木材価格は製材所が決めることが多い。製材所が森林所有者や森林組合に出す見積もりが原木買入価格表で、それを見ると、例えば末口直径で 36cm を超えたものは 5,500 円、元口径級 50cm を超える木材は 4,500 円と記されている。CLT、バイオマス、集成材が全盛の木材市場では、太い木はありがたがられないということである。木を太らせて使うというモチベーションは市場にはない。一方、北海道水産林

務部が調べた広葉樹材の木材市況調査と、ある木材会社の見積価格を比べて
みると、後者では価格がかなり安く抑えられていることがわかる。全道的に
いえることなのかわからないが、私たちの地域では、針葉樹は太らせると安
くなるし、広葉樹は正直買いたたかれている。その結果、どんどん薄利多売
になり、効率的ではあるが、均質で単純な森林になってしまっている。

　カラマツだけを同じように植えていけば、確かに効率的な林業が成り立つ
かもしれない。でも森林にとって、また林業で働く上でそれでよいのか。中
川町では単純で効率的な森づくりは行わないことにしている。当然、経済性
や効率性を犠牲にすることになる。それを何かでカバーしなければならな
い。そこで、山にある土場から中間土場、国道縁の土場まで木を集めて選別
するストックポイント（仕分け・集積場）を設けて、業者等に木材が供給さ
れる流れを創った。人件費はかかるが、結果としては木が高く売れるので、
その分はペイできる。木を入手したい人は買えるし、所有者もお金がもらえ
て、林業者も別段マイナスにはならない。そういう取り組みを行っている。

　この流れにより、旭川家具に木材を供給している。実は旭川家具のショー
ルームで、工房作家が製作した19万円の椅子がディスカウントされて15万
7,000円になっていたことがあった。その理由は座面の節。1個の節がある
ことで3万3,000円もディスカウントされていた。私にはこの感覚はわから
ない。使う側だって、そこまでのものを求めている人もいれば、求めていな
い人もいる。1等級、2等級の材だけを出しているわけではない。4等級、
3等級という評価しか受けられないような材も出していく。そうすると、つ
くり手も山のことをわかってくれるようになり、落ち節が入っていても、ま
た、白太といってあまり等級の高い板には入り込まないようなところも使っ
てもらえる。白太をデザインに取り入れた椅子や、落ち節がアクセントにな
った椅子も製作している。

1本の木の生み出す価値を最大化する

　1本の木を伐ることは、短期的であれ、公益的機能を減少させる行為であ
ると思う。だから、1本の木を伐った時の価値を最大化することを強く意識
している。例えば木工クラフトの原料として、木のどのようなところに利用

価値があるかというと、根張りの部分、こぶ、木の股などである。木材、建築材、家具材としては見向きもされない部分が、木工クラフトの原料としては大変重宝されている。このような部分は産地でも未利用材であるため、「私、田舎に移住してクラフト作家になります」と言っても、どこで買えるかわからない。ホームセンターにも板屋さんにもない。そこで中川町では、休眠状態だった建具屋さんに協力してもらい、このような木工クラフトの原料になる木材のマーケットづくりを進めている。

　また、ある日、福岡県から来た女性がヤマブドウの蔓を買いに来た。ヤマブドウの蔓は、木材生産や森林開発では不必要なものである。木こりにヤマブドウの蔓がほしいと説明すると、「何を言っているんだ。木を伐らんなんていうことはあり得ない。俺を何だと思っているんだ」と怒られた。「俺のチェーンソーは何のためにあると思っているんだ。こんな遊びみたいなことはやりたくない」と。でも、若い女性が来ると、途端に変わる。「俺もよいと思っていたんだ」、「お金になると思っていた」とか「俺、子どもの頃からこれで遊んでたんだ」とか、平気で言う。今まで、何回説得に行っても嫌々やるだけだったのに。でも、それでいいと思う。高橋が余計なことをさせていると言われてもいい。森の様々な産物が注目され、それを求めて都会から人が来てくれるようになればいいと思っている。

森との繋がりを知ってもらう「君の椅子プロジェクト」

　中川町での取り組みに「君の椅子プロジェクト」がある。「誕生する子どもを迎える喜びを、地域で分かち合いたい」という思いを込めて、2006年にスタートした。プロジェクトに賛同した北海道の東川町、剣淵町、愛別町、東神楽町、中川町、長野県の売木村が、町村内で生まれるすべての子どもに、木でできた椅子を贈る取り組みである。旭川家具の職人が製作している。2014年からは、北海道大学の研究林と中川町が共同で木材を供給し、履歴を管理したうえで産地を明示している。

　なぜ椅子かというと、社会における自分の位置を明確に伝えるため。椅子には、君の居場所はここであり、自分と社会、地域の人たちとの繋がりを暗示するメッセージが込められている。子どもたちが成長する過程で、人生に

第6章　子どもと森のルネサンス

おいて危機的な状況を迎えた時に、そこにある椅子を見て、社会との繋がりや、それを祝福してくれた人たちがいることに気づいてほしい。「君の椅子プロジェクト」を通じて、地域、子ども、木こりが結びつく。子どもだけでなく、椅子をもらった子どもの両親、あるいは成長した子どもが、その椅子を見て森を想像してくれるかもしれない。森を想像し、そこで働く木こりに思いが寄せられるかもしれない。子どもを祝福するための光が、子どもや椅子を経て、親を通りぬけて、地域から森の奥にまで差し込んでいく。そういう未来を想像している。

林業を子どもたちの憧れの職業にしたい

　昨年、町からほど近い森にあったオジロワシの営巣木が伐採される事案が発生した。伐採届が出された伐採であったうえ、付近にオジロワシの営巣木があることは把握していたが、伐採を防ぐことができなかった。その原因は、研究者、市町村、林業会社、チェーンソーマンが情報を共有できていなかったためである。そこで、中川町では、森林・林業に関わるすべての関係者に参加を促して、意見交換会と勉強会を実施するようにした。クマゲラについても学習した。国有林には、営巣木を見つけたら、そこから周囲何キロの森林を保護する、施業制限をするというルールがある。でもそれが実際に働くチェーンソーマンには全然伝えられていない。そうすると、山に入ったチェーンソーマンは、どれが営巣木かわからないからバンと営巣木を伐ってしまう。これでは守れない。優れた仕組みなのに全然機能していかない。だからこそ、チェーンソーマンと情報を共有する必要がある。小さい町だからこそ、こういうことができる。

　「俺のお父さんはオジロワシの巣を知っているんだ。中川町には何か所巣があって、どこにあるか知ってるんだ。ただ、希少猛禽類の巣のルールで、教えてくれないんだ」。こういう父親を見て、林業が憧れの職業に変わっていく。制度とか、プログラムももちろん大事だが、格好いいお父さん、木を伐っている格好いいお父さんを見ることが経験としてとても大事だと思う。

　森で働くことが格好いいことを示すために、中川町の林業関係者はものすごい数の研修会や勉強会に付き合わされている。例えば広葉樹の採材研修

223

広葉樹の採材研修

会。広葉樹は、日本農林規格に基づいて素材の等級付けをしなければならない。この等級付けを真っ正直にやると、ほとんどパルプ材にせざるを得なくなる。真面目にやればやるほど、パルプ材率が高まってしまう。だから、素材の日本農林規格に基づかない現実の市場について勉強する。また、樹種ごとの主な用途や採材の組合せを知る。銘木市への出品のテクニックを知る。先ほどの木工クラフトの原料加工研修会もある。どのような樹種が、どのような部位が木工クラフトに適しているか、材や径級や長級ごとの加工方法について学んでいく。

　林業では、木を伐ることで一部の公益性を犠牲にしている。「なりわい」のために木を伐らなければならない。だからこそできるだけバランスをとりながら、産業としてやっていく。先人から手渡された時よりも、良い状態にして次の世代に手渡しすることが、林業の最大の価値であり意義であると思っている。引き継いだ時よりも良い状態で。「来た時よりも美しく」みたいな標語があるが、そのような状態にして次の世代に渡してあげる。

　では、何をもって良い状態というのか。林業が子どもたちの憧れの職業になるためには、人間にとって都合の良い森林、経済的に回転率の良いだけの森林であってはならない。もちろん、お金になることも大事であるが、犠牲

第6章　子どもと森のルネサンス

木工クラフトの原料加工研修

にしてはならないことがある。生き物として、理性のある人間として、犠牲にしてはならない領域がある。そういうことをきちんと把握した森づくりをしていきたい。

　林業経営の健全性はもちろん大切にする。でも、森では薄利多売をしない。技術と経験に対して適正な対価を払いたい。木こりの格好よさを自他ともに認めてもらう。そのためにも森林経営の持続性を大切にする。こういうことを繰り返すことで、森で働く人を見て、林業を格好いい職業だと思ってもらえるようになる。それが、グリーンツーリズムやフォレストツーリズム、森林環境教育を通じて、地域や都市に広がっていく。そういう取り組みが、迂遠であっても、最終的には早道だと思っている。

　冒頭の長原さんの言葉どおり、日本の森が良くなるためには、林業が子どもたちの憧れの職業にならなければならない。子どもに夢を聞いた時、何番目に林業関係者が出てくるだろうか。プロ野球選手やサッカー選手、大工さん、おそらく学校の先生も出てくるだろう。でも林業関係者は何番目に出てくるだろうか。やはりそれが上位になっていかないと、お金が稼げるようになるとか、労働安全衛生上の問題が解決しても、林業は決して良くならない。そういう思いで、町づくりに取り組んでいる。

225

第4報告

保育園児への自然労作保育
―フォレスト・ガーディアン制度を活用して
川上から川下へ繋ぐこと―

福田　珠子（全国林業研究グループ連絡協議会）

「森の力」でお世話になった人たちに何かお礼をしたい

　私は長い間専業主婦だったので、山のことは全くわからなかった。それが1994年に山林所有者であった夫が亡くなり、急きょ山についていろいろなことをしなければならなくなった。所有山林の境界関係者は100人ぐらいいたので、6、7か月は毎日山に行った。その時に感じたのは、山に行くのは大変だが、気分がとても穏やかになり、幸せな気分になるということであった。それはたぶん「森の力」だと思った。そして、その森の力で、お世話になった多くの人たちに何かお返しをしたいという気持ちになった。

　そうこうするうちに、1998年にエンジョイ・フォレスト女性林研という組織ができた。女性の力で林業再生をということで、「見直そう　森の恵み　残そう　東京の山　伝えよう　木を活かす文化」をキャッチフレーズに、女性ならではの視点を活かした様々な取り組みを始めることになった。草木染めのオープン講座を開いて研究・指導を行うほか、バックホウやチェーンソーの講習会の受講や、機関誌「山輝」の発行などを始めた。でも、それだけでは、まだまだお返しはできていないと思っていたところ、東京都武蔵野市の事業の話が持ち上がった。武蔵野市の水道水は、都内では珍しく地下水を汲み上げて使っている。そのため、武蔵野市民は山に対して理解があり、自分たちの空気や水は、森林をきちんと守らなければダメだと考えている。そのためにお返しをしたいという気持ちを市民の皆さんは持っていた。そこで、東京都農林水産振興財団が私（山林所有者・東京都青梅市二俣尾）と武蔵野市の仲立ちをし、運営協議会が設置され、2001年に3者協定が締結された。この協定の中で、山林所有者は「森林の活用場を提供」し、武蔵野市

第6章　子どもと森のルネサンス

二俣尾・武蔵野市民の森事業の仕組み

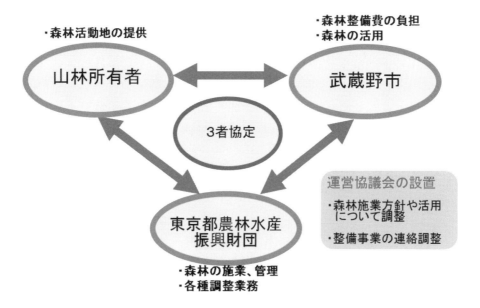

は「森林保全経費の負担と森林の活用」を行い、東京都農林水産振興財団は「市と山林所有者間の調整と市から保全管理の受託」を行うことになっている。こうして二俣尾・武蔵野市民の森事業が始まった。

武蔵野市民の森で始まった小中学生の森林体験教室

　森林を守り育てる仕組みを「フォレスト・ガーディアン（森の番人・森を守る人）制度」と呼んでいる。森を守るための取り組みの一つが、「武蔵野市民の森に行こう」という事業である。土曜日は学校が休みになるので子どもたちを山に連れてきて、森林体験や山の大切さ、自分たちの飲料水はどのようにしてできるのかなどを学習させたいという考えで、森林体験教室がスタートした。初級が1年生から4年生まで、中級が5年生から中学生までで、木登り体験や秘密基地づくりなどを行う。子どもたちに一番人気があるのは、秘密基地づくり。自分たちで間伐して、秘密基地をつくる。道づくり

227

（森林散策）も好きである。ほかに皮むきや森の地図づくりなども体験する。

　また、武蔵野市からの要望で「森の市民講座」を始めた。山に来てもらい、山の現状について知り、みんなで山を守らなければならないことを体感する講座である。その時に、楽しみとして木工細工、苔玉づくり、草木染め、間伐体験、クリスマスリースづくりなどをやることにした。土日にやる時は、子どもたちも一緒に来てやってくれる。

　そういうことをしているうちに、都会の人たちの多くが山に顔を向けてくれるようになり、だんだん山について理解してくれるようになった。裸山はなぜそうなったのか、また、山は緑で一見きれいなのにどうして困った困ったと言っているのか。そういうことは、やはり山に入り、実際に見てみなければわからないと皆さんが口々におっしゃるようになったので、やってきてよかったとつくづく感じる。それが、最終的には川上から川下へ繋ぐことになるのだと思う。

二つの「ソウゾウ」から生まれた自然労作保育

　それでもまだ、私としては本当にお返しをしたとは思えなかった。フィールドづくりをしたいと思っていた時にフィールドができ、その時にちょうど保育園に関わるようになったので、保育園の子どもたちにいろいろなことをさせてあげたい、森とふれさせてあげたいと思った。

　私たちが子どもの頃には、棒切れや石ころで遊んでいた。何もなかったので、自分たちで工夫して楽しんでいた。今の子どもたちは、バーチャルな世界に浸かってしまっている。テレビの中で死んでしまった人が、コマーシャルでニコニコしながら「このお菓子は美味しいですね」なんて言うのを見ていると、死ぬということが本当にわからなくなってしまうのではないか。今、子どもたちが刃物を持っていろいろなことをしてしまうのは、死んでも生き返ると本当に信じているからではないかと思ってしまう。

　このような状況の中で、ぜひ子どもたちを森に連れて行こう、森林を媒体として何かさせたい。そこで、まず思ったことは、二つの「ソウゾウ」である。二つの「ソウゾウ」とは、「想像」と「創造」。何もないところから、いろいろとものを考えて、そして創り出すことが、子どもたちの心の成長に大

228

きく関わるのではないかと思った。

　ちょうどその時に、ロバート・フルガム氏の『人生に必要な知恵はすべて幼稚園の砂場で学んだ』という本を読んだ。その本には、砂場で仲良くし、ものを取りっこしない、順番をきちんと守るといったことが書かれていた。だったら、この砂場は森に置き換えられるのではないかと考えたことが、自然労作保育のそもそもの始まりである。自然労作保育とは、「自然の中での労働や作業を通じて、人間形成を行う保育」のこと。それが青梅市にある二俣尾保育園で始まった。

樹齢二百年の杉の木と話をする子どもたち

　保育園に慣れた４月末に、まず子どもたちを山に連れて行く。そこで子どもたちは土とふれあう。山には沢や丸木橋がいくつもある。子どもたちは、最初は恐る恐る四つん這いになって丸木橋を渡るが、五つも六つも渡って広場に戻ってくる頃には、バランスをとって上手に丸木橋を渡るようになる。私たちは子どもたちに何も教えない。子どもたち一人ひとりがどうすればよいか頭の中で考える。そして、しっかり山歩きできるようになっていく。

　山には樹齢二百年くらいの杉の木がある。子どもたちにとって、とても象徴的な木で、水をあげている時は、木とお話をすると言う。山歩きをした時は、「お話をする木のところに行こう」と言って、子どもたちは必ずここを通る。

　四季折々、山歩きをさせると、子どもたちが、「何でこんなに黄色の葉っぱになったの」とか、「この花は何」とか、いろいろなことを聞いてくる。最初からいろいろ教えるのではなく、子どもたちから声を出させることがとても大事ではないかと思っている。私の山は人工林なので、スギとヒノキだけは教える。スギとヒノキの葉っぱを取ってきて、ヒノキの葉っぱは平らで、スギの葉っぱは痛い。さわらせてみると子どもたちは声を発する。痛いのがスギで、何でもなくて平らなのはヒノキだと。においも、これはヒノキで、これはスギだと。教えることはそれだけである。

　地図づくりも大切である。真っ白な紙に、今日歩く山をまず描いておく。子どもたちに今日この山を歩くが、あなたたちが見てきたもの、聞いてきた

みんなでつくった地図を前に
記念撮影

もの、感じたものを、この紙に描いてちょうだいね、と話す。そうすると子どもたちは、いつもよりずっとよく見たり、聞いたり、それからいろいろ聞いてくる。地図づくりは、子どもたちにとって大きな糧になると思っている。4歳と5歳の子どもに山を歩かせて絵を描かせると、1年の違いで大きな差が出る。4歳の子どもたちの地図は正直よくわからないことが多いが、5歳の子どもたちの地図にはちゃんと「お話をする木」もあるし、橋もあるし、大きな木や小さな木をきちんと描けるようになる。子どもたちは半年でしっかりものを見て、地図を描けるようになる。実は地図には「海」も描かれる。山に行って体操をすると、木々の間から空が見える。普通、運動場で体操して空を見ても空としか思わないが、山に行って空を見ると、「海だ」って子どもたちは言う。このようにして子どもたちは、世界でたった一つの自分たちの地図づくりをする。

1年を通して森とふれあう二俣尾保育園での自然労作保育

　5月になると、母の日のお母さんへのプレゼントのために、しゃもじづくりをする。電動糸鋸を使って子どもたちに木を切らせる。電動糸鋸を使うというと危ないからやめたほうがよいとか散々言われたが、子どもたちには作業に集中することを教える。とにかく、自分がやっていることをしっかり見ながら作業をさせる。怪我をしたら困るでしょと話す。すると子どもたち

は、ちゃんと順番を守り、押しくらまんじゅうなんかせずに、やっている友だちの手元を見て、僕はもっと上手にやろうというような顔をして待っている。中には卓球のラケットみたいな形のしゃもじをつくる子どももいる。それはそれでまたいいかな、と思っている。

6月になると、父の日にプレゼントするバンダナを染める。いろいろなもので染めてみるが、タマネギの皮がとても染まりやすい。ビー玉とか、おはじきとか、それからボタンをゴムで巻いて、絞り染めをする。そして自分で染めたバンダナを首に巻いて山に行く。

保育園では記念植樹も行っている。小さな山を少し切り開いて、子どもたちの森という名前をつけているところがある。そこに、花の咲く木や実の成る木を、子どもたちに植えさせる。自然労作保育は、労作ということでもあるので、子どもたちに一連の林業体験をしてもらっている。始めてから15年になるので、当時5歳の子どもが今では20歳になっている。大きく育った木を見ると、とてもうれしくなる。

クリスマスには、蔓採りとリースづくりをする。蔓採りをする時に、子どもたちに蔓のことを話すようにしている。腕を出して、指に蔓を絡ませる。ぎゅっとすると「あ、痛い、痛い」と。「それを離すとどう？」と言うと、「あ、痛くなくなる」と言う。蔓をとってあげると木は喜ぶのよ。痛くなくなるでしょう。そうだね。それで、木は喜ぶけれども、蔓はどうするのって。蔓は、クリスマスリースをつくるのに楽しめるでしょと話すと、子どもたちは、蔓は木には悪いが、自分たちにはとても楽しいものだということを学んでくれる。また、山から松ぼっくりやどんぐり、枯れた木を採ってきて、それを自分たちで好きなように飾ってクリスマスリースをつくる。

卒園の前には、壁かけとプレートづくりをする。子どもたちが好きな形に木を切り、それに色を塗る。いろいろな小枝を採ってきて、自分たちの顔を枝で描くなどして、プレートをつくっていく。実は先ほどのしゃもじづくりよりもお母さんたちには喜ばれている。

子どもたちに間伐もさせている。でも大きな木を子どもが伐るのは、やはり危ないので、プロの人に伐ってもらう。その時に、なぜ間伐するのか子どもたちに説明することにしている。そして、倒れた木で、年長さんはヒノ

クリスマスに向けてのリースづくり

キ、年中さんはスギの枝切りをする。子どもたちに鋸を使わせている。おへそに向かってしっかり切るのよと言うと、腰を据えて切る。

伐った木がどのように使われ、加工されるか教えるために製材所に見学に行く。ある見学会で、子どもたちは丸太を見て何か話をしていた。社長さんが「君たち何をしているんだい？」と聞くと、「これはヒノキでこれはスギだよ」と答えた。「何でわかるんだい？」って聞いたら「においだよ」って。社長さんは大変驚いていた。製材所の見学は、子どもたちにとって楽しいイベントの一つになっている。

このように二俣尾保育園では、1年を通して森とふれあう様々な自然労作保育を展開している。

二つの「ソウゾウ」は子どもたちの心と体を豊かにする

森林を媒体としての「想像」と「創造」という二つの「ソウゾウ」は、子どもたちの成長に大きく関わっている。この二つの「ソウゾウ」を育むことで、子どもたちは心も体も豊かに成長してくれていると、私は確信している。

第6章　子どもと森のルネサンス

　いつも卒園の時に、大きくなって何になるかわからないし、何を思うかわからないが、苦しくなったり、どうしようか思い悩んだりした時は山に戻ってらっしゃいと子どもたちに言う。私の活動はすぐに答えの出るものではない。でも、子どもたちは豊かに成長できたのではないかと思っている。それは、もしかしたら単なる期待にすぎないかもしれない。子どもたちの体験活動には答えがない。子どもたちが大人になった時に、こういうことを自分たちの子どもにも教えてあげたいとか、子どもたちの成長にはこういうことが大事だと思ってくれればいいと思いながら日々活動している。

233

第5報告

人生の門出を木のおもちゃとともに！
―ウッドスタートで生涯木育を推進―

馬場　清（東京おもちゃ美術館）

木のことを全く知らなかったNPO法人が木育に取り組む

　東京おもちゃ美術館が木育をなぜ始めたのか、そのきっかけについて最初に話したい。

　新宿区には閉校になった学校が9校あり、東京おもちゃ美術館は、その中の一つ、旧四谷第四小学校の教室を新宿区から借りている。もともとは教室だったところを使っている。東京おもちゃ美術館の2階に「おもちゃのもり」という部屋がある。この部屋は私たちが木育に取り組むきっかけになった部屋で、オープンしたのが2008年である。実はその時には館長も含め、誰も木育のもの字も知らなかった。木のことをこんなにやるなんて誰も想像していなかった。

館内で一番人気の「おもちゃのもり」

第6章　子どもと森のルネサンス

　オープンするにあたり、どのような部屋にしようか考えた。ほかのところにはない、何か付加価値をつけなければならない。都内には児童館とか子育て支援センターなど、無料で使えるところがいっぱいある。お金を払ってでも来たいと思えるような施設にしたい。そこで、いろいろなアイディアがあった中で、「おもちゃのもり」は、国産材を使うことにした。子どもたちが、来館者が、全身で木を楽しめる、そのような部屋にしたいと思いついた。実際オープンしてみると、この部屋が一番人気になった。ほかの部屋はがらがらでも、この部屋だけは行列ができるくらい人気がある。つくって本当によかったと思っている。

　開館後、東京おもちゃ美術館に似つかわしくない格好をした、スーツを着たおじさんたちが見に来るようになった。声をかけると、林野庁の方だった。新宿のど真ん中に国産材を使っているこんなところがある。しかも家族がいっぱい来て、楽しそうに遊んでいる。これは面白いということで、見に来たのである。開館後、林野庁や森林・林業関係者の来館が増えた。どうすれば国産材を活用できるのか、一つの実例として、東京おもちゃ美術館を見学に来てくれることが非常に多くなった。

　開館して2年経った2010年に、林野庁から、「木育」の助成金があるからぜひエントリーしてみないかという話が来た。私たちはNPO法人なので、そのような助成事業を受けたことはなかったが、チャレンジしたところ、運よく受託できた。

　どうして、木のことも知らない、森林・林業者とも全然繋がりがないNPO法人が、林野庁の木育の助成事業を受託できたのだろう。いろいろ考えたところ、私たちの強みを林野庁がきちんと評価してくれたから、ということがわかった。林野庁では長年にわたり木育をやってきたが、なかなか広がらなかった。木や森の関係のイベントをやると、今もそうかもしれないが、だいたい顔見知りの方しか来ない。森の方とか、川上の方たちばかり。でも、私たちと繋がっているのは、末端のお父さん、お母さん、そして子どもたちや、保育園とか幼稚園の先生など川下の人たちばかり。林野庁の方から見れば、今まで川上から、木育は大切だ、地球温暖化防止のためにやろう、森林の多面的機能を守ろうという話で、木育を広めようとしていたが、

235

なかなか広まらない。限界を感じていたのだと思う。私たちが川下から、普通の消費者、生活者の側からアプローチすることで、木育を広められないか、そんなことを林野庁の方も考えて、今ではいろいろな取り組みをするようになった。今日はその一端を話したいと思う。

木を育てるではなく、木で育む、木で育てる

　食育がこれだけ広まったのに、木育はなかなか広まらなかった。「木育」とは読んで字の如く、木を育てるではなく、木で育てること。結果的に木が育ってもよいが、私たちがやっているのは、木で育てよう、あるいは、木で育もうということ。私たちはおもちゃ美術館なので、中心は木のおもちゃ、木製玩具、あるいは木の空間である。木のおもちゃとか木質化空間を使って何かを育む活動、これを私たちは木育と呼んでいる。

　それでは何を育むのかというところがポイントで、私たちはそれを「かきくけこ」で整理している。「か」は、環境を守る態度を育む。木育を進めていくと、環境のことを考える心とか気持ちとか、そういったものを培うことができるのではないか。「き」は、木の文化を後世に伝える。木工の技術、ものづくりの文化とか、法隆寺に代表されるように日本には綿々と木工のものづくりの技術がある。それが今、危機に瀕している。木育の活動を通して、そういった技術であるとか、それには木の知識も必要であるし、それらを含めて、これらをきちんと伝えていくこともできるのではないか。「く」は、暮らしに木を取り入れる気持ちを育む。自分の部屋を思い浮かべてみてほしい。木のものがあるか。家の中に木のものはほとんどなくなってしまっている。日本は森林率世界第3位という森林大国であるのに、木材は暮らしにはあまり取り入れられていない。木材はある意味、日本の唯一の資源。この林産資源を活用して、もっともっと暮らしを豊かにできないか。そういう態度を、木育を通して身につけてほしい。「け」は、経済（林業・林産業）を活性化させる。危機に瀕している経済を活性化したい。最後の「こ」は、木を子育てに活かし、豊かな心を育む。子どもたち、大人、もちろん高齢者でもよいが、豊かな心を育むことにも木を使えないかと考えている。

　私たちがやっているのは、具体的には木のおもちゃと空間づくりである

が、こういった「かきくけこ」みたいなことをうまく進められないかということで日々取り組んでいる。いろいろな木の力を活用して、いろいろなことが形成できるのではないかということでやっている。

誕生祝いに地元材の木のおもちゃをプレゼント

具体的にやっていることをこれから説明したい。ブックスタートというのは皆さんご存じだと思う。これをまねて、木で始めるという意味でウッドスタートという名称の事業を始めている。簡単に説明すると、国産材、できれば地域材を活用して、子どもたちが育つ環境、子どもたちが日常的に暮らす環境、生活する場を、木の力を活用しながら、楽しく生きることができないかという、そういう取り組み全体をウッドスタートという名称で呼んでいる。

東京おもちゃ美術館は新宿区にあるので、最初に新宿区のほうに話を持ちかけた。多くの自治体では、赤ちゃんが生まれると絵本や苗木などのお祝い品を配っている。新宿区では、図書カード1万円分を配っていた。これでは面白くないので、木のおもちゃにしないかと提案した。でも新宿区には森がない。そこで、新宿区と友好提携を結んでいる長野県伊那市の森を使うことにした。実は新宿区では、自治体としては初めてなのかもしれないが、カーボンオフセットの事業で長野県伊那市の森を整備して、新宿の森をつくっていた。その新宿の森の材を使い、伊那市の職人さんたちがつくったおもちゃが新宿の子どもたちに帰ってくる。そのような仕組みを創らないかということを新宿区との間で協議した。そして、よしやりましょうということで、ウッドスタートが始まった。

最初はこの誕生祝い品事業を広めようという気は全くなかった。ただやっていくうちに、一つの仕組みとしては面白いと思うようになった。しかも新宿区で始めたら様々なところで取り上げられ、自治体からの問い合わせが次々に来るようになった。ウッドスタート宣言をした自治体は現在25あるが、今年度中に30を超える。まだまだこの流れは続いており、どんどん広まっている。

自治体がウッドスタート宣言をするには、誕生祝い品にその土地で何十年も育ってきた木を使い、その土地の職人さんがつくったおもちゃをプレゼン

長良川のアユをモデルにした
美濃市の誕生祝い品「つみあゆ」

トすることが、必須の条件になっている。全部オリジナルでつくっている。その例をいくつかあげてみたい。岐阜県の美濃市の誕生祝い品は、長良川のアユをモデルにしたアユの積み木。熊本県の小国町では、阿蘇のジャージー牛がモデルのウシのプルトイで、引っ張って遊ぶおもちゃ。また、野尻湖のある長野県信濃町では、ナウマンゾウの木のおもちゃ。それぞれの土地の名産とか、観光地とか、歴史や文化をなるべく踏まえたおもちゃをオリジナルでつくっていくことが、一つのポイントになっている。

　プレゼントをもらった家庭に、贈り物についての感想を聞いてみた。すると、今まで何とはなしに木がある風景を見ていたが、それが自分たちの暮らしと繋がっているという思いは全くなかったし、価値があるとは思っていなかった、という回答がほとんどであった。あのヒノキ、スギでつくられたことを知ることで、ふだん何ともないと思っていた風景に実は価値があることに気づく。自分の住んでいる地域のいろいろな価値を再発見する、そんな機会にもなっている。

木質化だけでなく、人を育てる木育化が大切

　東京おもちゃ美術館では、子育てサロンの木質化・木育化にも取り組んでいる。地域材を活用した子ども向けの木質化空間を設置する取り組みである。ここで大切なのは、あえて「木質化・木育化」と言っていることである。保育園や小学校の内装に地域材を使っているケースは多い。でも、そこで働いている保育士や先生方で、地域材を使っていることの価値をきちんと認識し、それを子どもたちに伝えている方がどれくらいいるかというと、正直心もとない。何となく木に替わっていいとは思っているが、それをきちんと教材として使い、授業で扱うことができるか。なかなかそこまで踏み出す

第6章　子どもと森のルネサンス

ことは難しい。そこで、私たちは、木育を理解する人材養成も含めてやらなければいけない、単に木を使うだけじゃダメだということを常々言っている。それが「木質化・木育化」という言葉に込められている。

　東京おもちゃ美術館の中にある「赤ちゃん木育ひろば」は、若杉さんたちのデザインによるものである。0歳から2歳の赤ちゃん限定の部屋で、東京多摩産材のスギの床で思いっきりハイハイすることができ、ふしぎな形のすべり台やトンネルで木の感触が味わえるようになっている。長野県信濃町の子育て支援センターも、木質化・木育化の取り組みの一つ。先ほどのナウマンゾウのおもちゃの自治体である。全国各地にある一般的な子育て支援センターは、どこもだいたい同じで、部屋にはプラスチックのボールプール、プラスチックのジャングルジム、プラスチックの滑り台があり、ビニールのシートが敷かれている。それが私たちの手にかかると、床はもちろん、ボールプール、ジャングルジムも木製に様変わりする。ここは何でも木ばっかり。地元の大工さんを総動員してこういうものをつくる。もちろん、支援センターの職員の方にきちんと木育のことを伝える。木を使うのは大切だが、もっと大切なのはそこで働くスタッフの人材養成だからである。商業施設では、無印良品、ドコモショップなどの子育てサロンの木質化・木育化を手掛けている。

　東京おもちゃ美術館は2008年に開館した。開館後しばらくは、多くの美

木の感触が味わえる「赤ちゃん木育ひろば」

術館同様、入館者数が年々減っていく傾向にあった。特に2011年の震災後の4月、5月、東京には自粛ムードが漂い、計画停電などもあり、1日5人とか10人しかお客さんが来ない時期が続いた。そのような中、たまたまその前年からこの「赤ちゃん木育ひろば」をつくろうという計画が進んでおり、2011年10月1日にオープンした。そしたら、下半期だけで大勢の人が来て、その後ずっと右肩上がりで来館者が増え続けている。これは、木の力だと思う。素晴らしいデザイン、この力はすごいと思う。後はそこにいる人。人も加えないと、人が来なくなることはすごく感じている。それらも含めてこの「赤ちゃん木育ひろば」の木の力は非常に素晴らしいと実感している。

東京おもちゃ美術館では、このほか、木育キャラバンという、移動おもちゃ美術館も開催している。4トントラック1台分の木のおもちゃで小学校の体育館を埋め尽くすイベントである。サーカス一座のように全国展開しており、去年は43回開催した。近くであったら、ぜひ足を運んでいただきたい。

ウッドスタートが木や森を知るきっかけになってほしい

では、ウッドスタートは自治体にとってはどんな意義があるのだろうか。それは、3点ほどあげられる。

一つ目は、木を使った子育て支援であること。子育て支援にはいろいろな形があってよいし、もちろん木でなくてもよい。でも、森林資源があり、木の匠の技もある日本だからこそ、木を使った子育て支援をもっと進めてもよいのではないか。木の持っている力で豊かな子育てを実現する。

二つ目は、それを通して、環境を守る心とか、森と自分たちの暮らしが繋がっていることを知ることで、森の多面的機能の保全に繋がり、地球環境の改善にもなる。

三つ目に、地方創生のきっかけになる。木のおもちゃをつくっただけで、どれだけ木を使うかという話はもちろんあるが、木材を活かすきっかけにはなると思う。林産業の振興だけでなく、市民参加のまちづくりや観光資源にもなる。

このように東京おもちゃ美術館では、ウッドスタートをはじめとする木育で地域や社会を変える活動を展開している。

第6章　子どもと森のルネサンス

パネルディスカッション

　座長（山本信次・岩手大学）：本日のシンポジウムのテーマは、子どもたちをどう育むかだ。私なりに少し調べてみると、教育を巡っては二つの議論がよくなされている。一つは、教育を受ける客体、今日の話でいえば子どもたち。子どもたちの健全な発達のために教育はなされるという考え方だ。もう一つは、教育がなされた結果、社会がよくなる、社会全体の利益に繋がるから、教育は必要であるという考え方。そのどちらが大事であるかを巡って論争があると聞いている。今日は、そのどちらが正しいかという議論をする気はないし、両方の側面が教育にはあると考えてよいと思う。

　まず今日の主題である子どもたちの健全な発達にとって、森林での活動、あるいは木材を使うことがどのような意味を持っており、それによって社会の何が変わっていくのかについて皆さんにお聞きしたい。

子どもたちの健全な発達にとって森林・木材の持つ意味

　井倉洋二：実際に森に入ってもらい、そこで体験してもらう。話を聞くだけでは、学びといってもそれほど一人ひとりに残らない。実際に見ること、体験することによって、身につく可能性は格段に上がるので、森や林業のことを見たり、体験したりすることによって、直接感じるのが一番大切だと思っている。

　それから知識ではなく、感じる、感性

だ。火が暖かいとか、火を囲む時に感じるものなど、森や自然が持っているものを実際に感じることで、感性を高めることができる。また、沢登りのように、一人ではできないことを人と協力しながらやることを学べるのは、とても大きなことだ。

　福田珠子：私が接しているのは保育園の子どもたちなので、特に難しいことはやっていない。想像して創造することばかりやっている。石ころ一つで何ができるか、棒切れ一つで何ができるか。山に行って、自然を感じて、ものをつくるようになり、子どもたちは感じることをよく口に出すようになった。木にふれた時に、温かいね、柔らかいね、という言葉が自然に出てくる。木を通して、子どもたちの小さな体の中に、感性が染みこんでいくのだと思う。都会の子どもたちに、森林体験として間伐体験をやらせている。間伐の時に木が倒れるドサッという音に子どもたちは感激する。うまく言えないが、子どもたちには、体で感じ、それが心の中に染み込むのが一番よいと思う。

　若杉浩一：体験から言えることは、教えられてきたこと、教育の中で出会ってきたことは、現代社会でここ50年くらいの価値を創るための代物ではなかったか、マニュアル化され、合理的で健全な社会を創るためのものではなかったかということだ。儲かればよいという理屈で納得してしまう私たちは、文化とか、技術とか、生活で大

241

切なものを、ここ50年くらいの間、面倒臭くなって捨ててしまったのではないか。東京おもちゃ美術館での子どもたちの動きを見ると、DNAにスギが入っていないかと思うくらい、接し方が健全だ。靴下を脱ぐし、木にすりすりするし、口でべろべろするし、いいのかな、と思うくらいの反応を示してくれる。そういうのを見ると、やっぱり木が悪いのではなくて、我々が悪くしてしまったと思う。福田さんが指摘されたように、簡単に答えが出るわけでもなく、まだまだわからないが、そこに私たちがやらなければならないことがあるような気がしてならない。

馬場清：木という素材が子どもたちにとってなぜよいのか、私たちの経験から言うと、三つくらいある。一つは、木のおもちゃは五感を目いっぱい刺激するということ。プラスチックのおもちゃのにおいを嗅ぐ人は子どもでもあまりいない。また木のおもちゃ同士をぶつけると、やさしい音がする。聴覚だ。赤ちゃんがおもちゃをなめるのは味覚かもしれない。ずっと手に持ってさわって木の感触を楽しむという触覚も含めて、木のおもちゃはすごく五感を刺激する。乳幼児期は子どもの発達の中で一番五感を駆使して生きている時代だ。そういう時にこそ木のおもちゃは非常に有効であるということだ。

また、木のおもちゃは、積み木を見ればわかるように、単純な形のものが多い。単純であるがゆえにバリエーションが豊かであるということだ。子どもたちの遊びの中に「見立て遊び」というものがあるが、単純なゆえに、いろんなものに「見立てて」遊ぶことができる。一つの積み木が、時には車になり、飛行機になり、食べ物や動物にもなる。先ほど福田さんの報告にあったが、「想像」と「創造」を培うことができるのが木のおもちゃの特徴ということが二つ目。

三つ目は、素材として、元々あそこに立っていた木であるということと結びつけられる点について。この木には少し前まで命があったということだ。プラスチックも元は石油であり、さらにたどればシダであったということになるが、そこまではなかなか繋がらない。木を伐った時にドーンと音がする、それはまさしく命が奪われた瞬間だ。実はあそこにある木を伐って、その命からこの木のおもちゃが生まれていることを、子どもたちが少しずつでも知っていくことで、命をいただいて私たちはこうして遊んでいる、そういう繋がりが見えてくる。

高橋直樹：学校のPTA行事のミニバレー大会が終わった時のことだった。家族付き合いをしている、木こりの父親と息子の親子と、ガソリンスタンドに勤めている父親と娘の親子がおり、父親が「明日は筋肉痛だ」と言うのを聞いた女の子が、「あんたのお父さんも絶対筋肉痛だ」と言った。すると男の子が、「お前、俺の父ちゃん木こりだぞ、木こりをなめんなよ」と言い返した。その男の子は、自分の父親がやっている林業、木こりの大変さを知っており、同時に格好いいと思っている。林業をやっている姿を見せていかないと、子どもたちには変化は起きない。それが、林業を支え

242

第6章　子どもと森のルネサンス

ていく、森づくりを支えていくことに繋がっていくのだと思う。

　座長：森林や木材を取り巻く教育には、感性を育てるところで現代教育に足りないものを補うという大きな使命があると同時に、そこから先へ進んだ時に、それを理性的に理解していくところにまでいかないと、あまり意味がないのではないかと思う。客体である子どもたちにとって教育の持つ意味について議論してきた。今度はそういったことが社会にとってどういう意味があるのかについて考えてみたい。そこで、残念だが若杉さんは所用でご退席ということになるので、最初に、若杉さんに、ご自身がなさっている活動、あるいは活動一般が、社会にとって持つ意味について話していただきたい。

木材は素敵な未来に繋がる材料

　若杉：本当に大切なのは、今生きている大人たちがそれをどう育めるかにかかっているわけで、それを実施するために何をしなければならないかという話になる。これを何とか産業にしなければならないし、山にも還元しなければならない、格好よい大人たちが存在しなければならないということを考えると、それを現在の生活の中にどう活かすか、価値のあるものとしてどう再生するかという話になると思う。

　地域に行くと、本当に素晴らしい大人がいる。地域のために、一役も二役も三役も買って、毎日働いている変な人、僕は"変態"と呼んでいるが、そういう人たちがたくさんいる。ところが東京に来ると、楽し

て儲けることばかり皆考えている。その変な現象の象徴みたいなものが、地域であったり、林業であったり、木材のような気がしている。マイナスの象徴だ。東京にあるものは消費しないと何ともならない代物で、それを世界中から集めている。ところが、木材は、植えれば、育てれば永遠に続く、素敵な未来に繋がる材料だ。地域の未来もかかっているし、ひょっとしたら、地球全体の可能性がここにあるような気がしてならない。

　日本は、たくさんのものを輸入して、素晴らしい世界に誇る技術で、勝ち残ってきたわけだが、次は、そこにある当たり前のものを、新しい社会と価値にふさわしいものに変えていく時代が来ているように思う。それじゃ、これを誰がやるのか。国か、行政か。なかなかそうはいかない。では地域の人か。地域は困っている。企業か。企業はお金儲けだけ。じゃあ誰がやるのかといった話になった時に、ふと気づいたのが、行政の人も地域の人も企業の人も、市民だということだ。だから、一人二役やればよいので、企業の人であろうが、行政の人であろうが、林業の人であろうが、ともに社会を支える市民だとすると、この問題を一市民としてどう解決するかということが目の前にあるような気がする。

　そう考えると、これはもう国民運動でございますみたいな感じで、踊ったってよい、叫んだってよい、歌をつくったってよい。子どもも巻き込んでの大騒ぎみたいな感じがしている。何が正しいか正しくないかはわからない。でも、ここに何かがある

243

のは確実だと思う。今は儲からないかもしれないし、難しいかもしれないが、これに賭けるしかないと思っている。（若杉さん所用により退席）

座長：哲学者の内山節さんは、お金を稼ぐためだけの労働を「稼ぎ」、自分が暮らしていく世界を創るための労働を「仕事」という言い方をしている。そういった意味では、現代はあまりにも稼ぎに偏った世界になってしまっている。若杉さんが言われたのは、新しい世界を創っていくための労働を一体誰が担うのか、次世代の子どもたちのために私たちには一体何ができるのかという大きな問いかけだと思う。

子どもたちが森や木に親しむことで地域社会をどう変えていくのか、井倉さん、福田さん、高橋さんは上流側、馬場さんは下流側なので、それぞれの地域社会にとって、それぞれの活動がどのような意味を持っているのか話していただきたい。

高橋：中川町には天塩川という川が流れており、その流域にオジロワシのペアが何組も生息している。大型の希少猛禽類は渡り鳥であることが多いが、天塩川流域は餌資源が豊富で森林帯があるので、留鳥と呼ばれて、渡り鳥にならない。

森林環境教育で、雪の時期を利用して森を散策したり、探検したりすると、結構な頻度でフクロウやクマタカに出会う。空を飛んでいるオジロワシを見かけることも多い。飛んでいる姿を見て、あれはトンビじゃない、オジロワシだと話すと、皆さん驚くとともに、オジロワシが渡るのは餌資源だとか生育環境が整わなくなるからで、と

どまれる森林地帯を残すことの大切さを理解してくれるようになる。ワシやタカに特に男の子は強い関心を抱き、「中川町カッコイイ！」を連発する。体験が面白ければ、その時のことを大人になって思い出し、中川町に戻って来てくれるかもしれないと期待している。

森林環境教育は、一緒にいた大人、地域の側が自分たちの町を再評価する機会になっている。今までトンビだと思っていた鳥が実はオジロワシで、生態系の頂点にいるような鳥なので、このオジロワシが見られなくなったら、自分たちが森林を破壊しているのかもしれないという一つの基準ができる。そういう経験をすると、自分たちの町の価値を、もともとそこにあったもので理解することが多くなる。これは地域を変える一つの例ではないかと思う。

馬場：誕生祝い品をつくる中で、地域との繋がりが生まれたり、地域を再発見したりする事例が起きている。

一つは北海道の雨竜町の例だ。町にある特別支援学校では、知的障害のある高校生が木工製品を一生懸命つくっている。その校長先生から、生徒が我が町の誕生祝い品をつくることはできないかと、相談を受けた。その結果、北海道材を使った積み木をつくった。贈呈式では、知的障害のある高校生たちが、お母さんと赤ちゃんに積み木を配った。当然、ありがとうと言われる。それを聞いた高校生の母親が、泣きながら話してくれた。息子は知的障害があるため、今まで人様に迷惑をかけることしかしてこなかった。町を歩けば道路に飛び出す

し、コンビニへ行ったら何か持ってきてしまう。それで、ごめんなさい、ごめんなさいと、ずっと謝り続けてきたと。ところが今回初めて息子が地域の方から「ありがとう」と言われたと話してくれた。おそらく地域の方も、特別支援学校の生徒は怖いというイメージを抱き、自分の子に近づいちゃダメよくらい言っていたかもしれない。それが、誕生祝い品を通して、知的に障害のある人たちでもこういうものをつくることができるという価値に気づくことに繋がった。

もう一つは、群馬県みなかみ町の例だ。私も知らなかったが、最盛期には日本のカスタネットの90％以上が、みなかみでつくられていた。ところがカスタネットの需要がなくなり、材の供給もなくなり、工場も閉鎖され、みなかみにとってカスタネットの生産は昔の話になってしまった。でも、みなかみには職人さんがおり、広葉樹も残っていたので、誕生祝い品には昔のみなかみの価値であるカスタネットをつくろうということになった。それこそルネサンスだ。復活させようということで、カスタネットの誕生祝い品がスタートした。

私たちは、なるべくその土地の木材を使い、地域に合ったものを誕生祝い品としてプロデュースしている。それによって、我が町の誇りなど、様々な価値に気づいてもらう。地域資源、社会資源が繋がることによって、町が活性化している。たかが木のおもちゃだが、いろいろなことが起きている。

福田：私のやっていることは小さい子ども相手なので、地域や社会にどうということはあまりないと思う。お母さんやお父さんが壁かけをつくり、それがきっかけで子どもとコミュニケーションができたとか、小さな社会との繋がりはある。フォレスト・ガーディアン制度ができて、他の地域の方、例えば建築家、学校の先生、他の学校の子どもたちが利用できる体験館もつくられ、森林環境教育なども行っているが、保育園の子どもたちだけでなく、他の地域の大人や子どもたちにもっともっと広げていきたいと思っている。

井倉：演習林で森林や水の大切さを子どもたちに伝える活動を始めて間もない頃には、地域や暮らしのことは見えていなかった。アメリカに視察に行った時、地域の文化や暮らしなどの要素が環境教育に取り入れられており、最初は何でこんなものが入っているのだろうと、違和感を覚えた。それから何年か経って、報告で紹介したように大野地区という演習林と隣接する集落にある小学校が廃校になった。大野地区は、演習林のすぐ近くなので、演習林の林業労働力として昔から大勢の方が仕事をされてきた。でも、そういうことしか昔の私には見えなかった。

廃校になった校舎を利用して自然学校ができて、その時から地域の人たちとの付き合いが始まった。その中で地域の暮らしや文化、それから、そこの地域の売りは開拓魂なので、それらについても学ぶようになった。開拓者の二代目、三代目の人たちと交流していくうちに、演習林の森林体験だけではなくて、昔からの自然と繋がった暮

らしの体験こそ伝えていかなければならないと、だんだん気づき始めた。我々が直接接しているのは逞しい「開拓魂」を持った地域だが、そういった地域を教育的な視点からも残していきたいし、そこから学んでいきたいと思っている。

森林教育は自分たちのやっていることを映し出す鏡

高橋：自分の子どもに何かを説明する際に、嘘やごまかしが混ざってしまう時がある。そういう時は、非常に説得力のない、中途半端な説明をしてしまう。

森林環境教育というものは、ある意味、自分たちのやっていることを映し出す鏡みたいなものだと思う。森林環境教育のプログラムをつくる、その場で子どもたちに説明する、その時、ごまかしがどれだけ含まれているか、ゼロにはできないと思うが、やはり減らす努力をしなければいけないし、自分たちが本当に正しいことをやれているのかどうかということを、立ち止まって見ていく必要がある。

子どもに対して嘘をつかなくて済むような森づくり、経済活動をする。それによって社会が少しずつ変わっていく。先ほどの若杉さんの話ではないが、グループになって大騒ぎしようぜみたいなことになってくれば、自ずと変わっていくことに繋がっていくのかなと思う。

福田：林業の社会ってまだまだ男性社会で、山で働く人には女性が少ない。なぜ女性が少ないかというと、男の人に女なんかという気持ちがあるからだ。力関係として

は、大きなものを持つのは男性、女性だと非力ということもあるのかもしれないが、そういう力関係ではなく、本当の意味での力関係を平等にしないと、社会がダメになると思う。その端的なものが林業だと思う。

林業というのは、命の根源をつかんでいる仕事だ。だから一番大事なところだと思うので、そういうところで働いている人たちの生活をきちんとしていくことをまずやっていかないと、いくら教育してもダメなのではないかと感じている。今、Iターンで林業の仕事をする若者が出てきているが、長続きしていない。食べるために、子どもの教育のために辞めざるを得ないという社会を変えていくことが、今日の教育に課せられた使命のように思う。

井倉：少し前のマイブームは、ソーシャル・イノベーションという言葉だった。ソーシャル・イノベーション、社会の変革だ。今日はいろいろな話が出てきているが、グローバルな経済に翻弄されるのではなく、もっと地域社会が地域の資源を使ってそこで生きていけるような仕事を生み出すことや、価値観の変革を進めていくことが大事だと思う。

最近、私の中では「自然学校」という言葉がマイブームだ。大野ESD自然学校のことを紹介したが、自然学校というのが30年くらい前から日本の中のムーヴメントとしてあった。元々は教育活動から始まったのだが、この十数年の間に、教育活動に加えて、自然の豊かな地域をベースにした取り組みが進められている。コミュニテ

ィービジネスとか、ソーシャルビジネスと言うが、社会的な課題を解決することをビジネス化し、なるべく近い範囲で経済を回す、地域の資源を使ってそれをビジネスに繋げていく動きだ。私は、自然学校は田舎の総合商社のようなものだと思っており、教育的な活動に加えて、地域の課題があれば何でも解決し、それをビジネスにしていけるような社会にすべきではないかと考えている。学生を教育するという視点からすると、公務員とか大企業に就職するよりも自分で新しい仕事を始める、まさにソーシャル・イノベーションを起こしてくれるような起業家人材の育成を今後もやっていきたい。

馬場：一言で言うと、「新しい価値の創造」ということになると思う。経済至上主義のような価値観、ものをどれだけ生産できるかというところで測ってしまう価値観は、根強い。そうではない価値観をどう創っていけるかというところに集約されるのではないか。

木を使うという価値を一般の消費者や企業に伝えていき、面倒臭いが国産材を選ぶ、高いけれども木のおもちゃを選ぶという価値観に変えていくのは簡単ではない。とはいえ大量消費社会は持続可能的ではないので、そういう新しい価値観に変えていくには、一つ一つの積み重ねが大切だと思う。

この秋にウッドスタート宣言をする山口県長門市の話をする。「みんな違ってみんないい」、「私と小鳥と鈴と」の詩に出てくるフレーズで知られている金子みすゞさん

のふるさとだ。その金子みすゞさんが育った仙崎という地域は、捕鯨が盛んなところだった。

仙崎には、親クジラを捕った時にお腹の中に子クジラがいた場合や、捕っている最中に子クジラを殺してしまった場合に、子どもの場合はお墓をつくり、戒名もつけて、お参りをするという習慣があるそうだ。金子みすゞさんに「大漁」という詩がある。町の人たちは、イワシを捕って、大漁でみんな喜んでいる。でも実は海の底でそれを見ているイワシたちは、自分たちの仲間が喰われてしまったと言って悲しんでいる、という詩だ。一つの現象も違う視点から見ると全く違って見える。自分たちの仲間は命を奪われて殺されてしまい、みんな悲しんでいる。一方、捕った人間は喜んでいる。そういう多様な見方というのは、やはり金子みすゞさんの中で捕鯨とか、命を大切にする文化の中で育ってきたものだと思う。長門市の誕生祝い品も、クジラの誕生祝い品にして、そのようなメッセージを込めて、できれば金子みすゞさんの詩も一緒につけてプレゼントすると、そういう想いも伝わっていくと思う。命の大切さという価値観、もちろん経済も大切だが、そうではない価値の大切さも、こういう事業を通して伝えていければよいし、そういうことで経済万能の価値観を少しずつでも変えていくきっかけになればよいと思いながら活動している。

座長：経済合理的ではない価値観を大事にすることが、紹介されたいろいろな営みの根本にある。その一つの断面が木材を使

う、あるいは地域を考えていくような教育活動として現れているのだと思う。単なる知識の伝達ではなく、社会を変えていくための一つの基層をなすムーヴメントとして、今後も大事にしていく必要があると思う。

時間が迫ってきたが、フロアから質問をいただきたい。

フロア：教育というのは、与えるもの、あるいは受けるものだと思うが、それを自ら学習・実践していくステージに高めていくことが重要だと思う。どうすれば、自分から学習する、自分から実践していくことに繋げていけるのか、教えていただきたい。

井倉：私自身、教育という言葉は好きではない。教える側と教えられる側があり、洗脳のようなイメージがあるからだ。教育というよりも、学びだと思う。いかに参加者の主体的な学びを引き出すかというのが、活動の一番の大きな課題だ。

長崎大学の教育学部の方が施設を利用するようになり、そこの先生からは、いかに教育コード（指導者からの一方的な指示や知識の提供）を使わずに学ばせるかが大事だと言われている。我々も体験活動、環境教育の活動の中で、子どもたちが自分で発見してくれるようなやり方を心がけている。

高橋：私は教育者ではないので、できるだけ単純にエンジョイしてもらう、エンターテインメント性を高めて楽しんでもらうことを常に心がけている。

福田：基本的に危ないことは言うが、自然を歩いて、自分の体で感じるままに任せている。自分で考える二つのソウゾウを重視している。

馬場：東京おもちゃ美術館に来られる方は、遊びに来ているのであって、学びに来ようとは思ってもいない。当然ながら何の木かなんて興味ない。でも、やはり木に興味を持ってもらいたい、日本の森のことに興味を持ってもらいたいという思いはあるので、押しつけにならない教育、学びの仕掛けをどれだけ用意できるかというのがポイントだと思っている。

例えば私たちが総合監修して沖縄県国頭村に設立された「やんばる森のおもちゃ美術館」という施設がある。ここには、一抱えもある木のオブジェがある。これを私たちは沖縄の県の花、デイゴでつくった。実はデイゴの木って滅茶苦茶軽い。このオブジェもかなりの大きさのものだが、子どもでも持てる。で、「これ持ってごらん」って言うと、「え、持てないよ」、「いや、持てるよ」って持ち上げてしまう。「え、軽い！」と、びっくりさせるというのも一つの仕掛けだ。一方、イスノキというのはとても重く、手のひらサイズのものでも金属の塊を持っているような感じだ。「これ持ってごらん」って言うと、「こんな小さいの簡単に持てるよ」って持たせたら結構ずっしりくる。そういう遊びの中での仕掛けをどうするかを考えていかなければならないと思う。

座長：今から20年ぐらい前に林業関係のところで教育問題が大きく持ち上がったことがある。その時に議論されたのが科学

技術社会論でいう欠如モデルでは、「みんな正しいことを知らないから正しい行動をとれない」という非常にシンプルな捉え方をするものだった。だから何も知らない市民は正しい行動をとれないから教えてやるというスタンスだ。この欠如モデル的な考え方には、林業関係者が林業について正しく知っているという傲慢さをはらんでいるし、そもそも正しい知識を得たからといって正しい行動をするとは限らない。そういった意味でフロアからご指摘をいただいたように、いろいろなことを学び、自発的に行動していけるようになるためには、知識を伝授するだけではなく、社会のあり方とか、その中で林業とか森林はどうあるべきなのかということを考えるようになってもらうしかないと思う。そうすると、迂遠なように見えて、今日皆さんからお話しいただいたような取り組みを通して、少しずつ積み重ねていくしかないのかなと感じている。

　最後に、言い残したことがあれば発言を。

井倉：こんなに面白いことをやっている人たちがいるということを知ったことが、私にとっては一番の収穫だったし、大変楽しくて、いっぱいいろいろなものをもらった。若杉さんじゃないが、みんなで馬鹿をやろう。

高橋：71歳のベテランの木こりのおじいちゃんが、このまま勉強して仕事をしていくと、よその町からも呼ばれるような広葉樹生産のスペシャリストになれるね、それが夢だとおっしゃっていた。林業に関わ

っている人が夢を持つことが、子どもたちが憧れる林業になる第一歩だと思っている。私自身も夢を持って、林業関係者の人たちにも夢を持ってもらえるような事業を展開していきたい。

福田：今日は本当に感謝している。私がしていることを皆さん少しでもよいからやっていただければと思う。

馬場：いろいろ話している中で自分たちがやっていることの見直し、気づきの機会を創っていただいた。現在私たちが取り組んでいるウッドスタート宣言の当面の目標は、全国から「空白県をなくす」ことだ。まだ宣言している自治体のない府県が半分くらいある。首長さんとお知り合いの方がおられたら、ウッドスタート宣言を紹介していただければと思う。

座長：何年か前にアメリカの国立公園へ行った時に、森の中の散策路には視覚不自由者のための手すりと点字があり、森を歩けるようになっていた。先日訪ねたドイツでも、子どもたちのための森林教育の施設の中の一部にボードウォークがあり、車椅子でも入って来られるようになっていた。これらの森林公園の入口には、こういう障害を持っている方でもここまでは入ることができると明示されている。より多くの方たちに森や林業や山村を開いていくためには、そういった方が森に入れる工夫をもっとしていかなければならない。今日は私の力不足でそのことについて皆さんからご意見を伺えなかったが、ぜひ、フロアの皆さんも含めて、そういったことについてお考えいただければと思う。

後　記

　シンポジウム開催にあたっては、（公社）国土緑化推進機構「緑と水の森林ファンド」公募事業のご支援をいただくとともに、下記の団体に、ご後援をいただきました。深く御礼申し上げます。

　林野庁、（国研）森林研究・整備機構 森林総合研究所、アジア航測（株）、国土防災技術（株）、サントリーホールディングス（株）、認定NPO法人 自然環境復元協会、森林インストラクター東京会、住友林業（株）、全国国有林造林生産業連絡協議会、全国山村振興連盟、全国森林組合連合会、（一社）全国木材組合連合会、（一社）全国林業改良普及協会、（公社）大日本山林会、（一財）地球・人間環境フォーラム、日本合板工業組合連合会、（公財）日本自然保護協会、（一社）日本ジビエ振興協会、（一社）日本森林学会、（一社）日本森林技術協会、（一財）日本森林林業振興会、日本製紙連合会、（一社）日本治山治水協会、日本特用林産振興会、（一財）日本木材総合情報センター、（一社）日本養蜂協会、（一財）日本緑化センター、（一社）日本林業経営者協会、（株）日本林業調査会、（一社）日本林業土木連合協会、（一社）農山漁村文化協会、（独）農林漁業信用基金、（株）農林漁業成長産業化支援機構（A-FIVE）、農林中央金庫、（株）パスコ、プラフォームサンブレス（株）、毎日新聞社 MOTTAINAI キャンペーン事務局、（一社）緑の循環認証会議（SGEC）、（一社）林業機械化協会、林業経済学会

　シンポジウムは、（一財）林業経済研究所が事務局となり、下記実行委員会が企画・運営にあたりました。
「森林・林業・山村問題を考える」シンポジウム実行委員会
飯沼佐代子、岩永青史、大塚生美、志賀　薫、関　良基、土屋俊幸、永田　信、平野悠一郎、満田夏花、安村直樹、山本美穂、藤原　敬、餅田治之、山縣光晶

　なお本書「林業経済研究所創立70周年記念事業出版」の編集は、（一財）林業経済研究所企画委員会と研究所事務局（神沼公三郎、大西　純）が担当しました。

一般財団法人林業経済研究所理事長　永田　信

2018年3月30日　第1版第1刷発行

森林のルネサンス
―先駆者から未来への発信―

編著者 ──────── 一般財団法人林業経済研究所
カバー・デザイン ──── 飯田絵里
発行人 ──────── 辻 潔
発行所 ──────── 森と木と人のつながりを考える
　　　　　　　　　　㈱日本林業調査会
　　　　　　　　　　〒160-0004
　　　　　　　　　　東京都新宿区四谷2－8　岡本ビル405
　　　　　　　　　　TEL 03-6457-8381　FAX 03-6457-8382
　　　　　　　　　　http://www.j-fic.com/
　　　　　　　　　　J-FIC（ジェイフィック）は、日本林業
　　　　　　　　　　調査会（Japan Forestry Investigation
　　　　　　　　　　Committee）の登録商標です。

印刷所 ──────── 藤原印刷㈱

定価はカバーに表示してあります。
許可なく転載、複製を禁じます。

Ⓒ 2018 Printed in Japan. Ringyo Keizai Kenkyusho

ISBN978-4-88965-253-6

再生紙をつかっています。